同济大学本科教材基金资助项目

U0800989

Python 计算思维与问题求解

丛培盛　杨志强　朱仲良　龚沛曾　编著

同济大学出版社
TONGJI UNIVERSITY PRESS

内容提要

本书面向非计算机专业的大学生，旨在提高学生知识交叉融合、求解问题的能力。全书分为基础篇和应用篇。基础篇以计算思维为导向，讲解计算求解的基本思维方式、Python 的基础语法及数据结构；应用篇则面向实际问题的求解，介绍常见的计算问题及 Python 中的应对方法。本书内容布局简洁合理、深入浅出，力求达到基础学科知识应用融会贯通的目的。

为便于教学，本书提供了高质量的 PPT，上机实验。线上教学配套资源丰富，包括重点章节的微课、程序代码、实例数据，通过二维码扫描即可获取。

本书既可作为高等学校工科交叉类课程的教材，也可作为各专业计算类课程的参考教材，也适合于自学者使用。

程序代码和数据文件下载

图书在版编目(CIP)数据

Python 计算思维与问题求解/丛培盛等编著. --上海：同济大学出版社，2020.7

ISBN 978-7-5608-9311-2

Ⅰ.①P… Ⅱ.①丛… Ⅲ.①软件工具—程序设计—高等学校—教材 Ⅳ.①TP311.561

中国版本图书馆 CIP 数据核字(2020)第 107701 号

Python 计算思维与问题求解

丛培盛　杨志强　朱仲良　龚沛曾　**编著**

责任编辑 赵　黎　**助理编辑** 朱润超　**责任校对** 徐逢乔　**封面设计** 陈益平

出版发行 同济大学出版社　www.tongjipress.com.cn
（地址：上海市四平路 1239 号　邮编：200092　电话：021-65985622）
经　　销 全国各地新华书店
排　　版 南京月叶图文制作有限公司
印　　刷 江苏凤凰数码印务有限公司
开　　本 787mm×1092mm　1/16
印　　张 11.25
字　　数 281 000
版　　次 2020 年 7 月第 1 版　2020 年 7 月第 1 次印刷
书　　号 ISBN 978-7-5608-9311-2
定　　价 58.00元

前　言

自 2006 年美国卡内基梅隆大学周以真(Jeannette Wing)教授提出计算思维,中国的计算机基础教育工作者为计算思维的普及付出了巨大的努力,以计算思维为导向的计算机课程内容建设在全国高校得以迅速展开,使得计算思维的概念在学生群体中得以传播,取得了可喜的成果。

学科交叉是计算思维真正落地的有效举措,高等教育的本科教学中,各专业的教学培养方案环环相扣,如高等数学、线性代数、概率数理统计是各理工科专业的基石,将培养方案中的不同课程有机整合在一起,既解决了空对空式的教学问题,又形成了学生思维的合力,更可提高学生的综合应用能力。而问题的计算求解就是最好的黏合剂,例如它可以将积分、线性方程组、微分方程组求解,寻优、建模预测等问题,通过简单 Python 程序轻松实现,使学生学以致用,从而自然实现计算思维的真实落地。

正是基于计算思维落地以及计算思维教学中对实例的迫切需求,在编写本书时,我们着重围绕问题的求解思路,将计算思维的概念注入案例中,从根本上解决计算思维在各类问题求解中的培养问题:联系高等数学中的梯形积分,引出可计算、循环迭代实现自动化;通过二分求解计算案例,引出函数抽象、约简、问题转化概念;通过信号平滑、矩阵相乘,体会“将数据变成代码,将代码变成数据”的含义。我们希望,通过这些案例,学生可以真实理解计算思维众多概念的含义。

在应用方面,本书以解决实际问题为导向,归纳了理工商专业普遍的计算需求。通过提出问题,结合讲解 Python 的各类应用包,将回归建模预测、方程组求解、寻优、信号处理、机器学习等本科基础课程涉及的、理工商专业有普遍求解需要的问题纳入讲解,力求实现计算思维落地,达到提高大学生计算机求解问题能力的目的。

目　　录

第一章

计 算 思 维

计算思维是2006年以来，在全国计算机基础教学中被广泛强调培养的思维方式，是随着计算机在各领域应用面的拓展及深入，计算机基础教育工作者逐步总结归纳出来的一套用计算机的基础概念表达问题、求解问题的思维方式、基本思路。培养计算思维并使其成为习惯，对理工商专业学生培养而言，可以提供另外的思考问题角度，对促进学科交叉，提高中国大学生利用计算机求解问题的能力，有积极的促进意义。

1.1 计算思维基本概念及方法

1.1.1 计算思维基本概念

提到思维一词，一般情况下，人们会自然联想到数学中建立在公理及推导上的逻辑思维和物理学中建立在观察和实验上的实证思维，却很少听说计算思维。这或许与中小学教育期间，学校重点培养学生对数学与物理知识的理解，而计算机教育相对欠缺有关系。一般而言，人类的思维活动与其从事的工作密切相关。1972年图灵奖得主 Edsger Dijkstra 曾说过："我们所使用的工具影响着我们的思维方式和思维习惯，从而也将深刻地影响着我们的思维能力。"从这个意义上讲，计算机作为一种工具，其应用的熟练程度，在中国的教育中还需要加强。程序设计者在用计算机解决某些问题时，会根据自己的专业进行有别于其他工种的思维方式，这可以被认为是计算思维。大学计算机编程语言类课程中，会涉及编码前程序流程框图设计的内容，即用图形或语言的形式，表达出程序的实现步骤及每个步骤应该做什么、完成该步骤应该注意什么问题。这其实也是程序设计阶段的一种思维方法，属于用计算机进行问题求解时的思维范畴。

1. 计算思维的提出

计算思维(computational thinking)一词由美国卡内基梅隆大学周以真(Jeannette Wing)教授于2006年提出。她认为：计算思维是运用计算机科学的基础概念进行问题求解、系统设计、对人类行为进行理解等涵盖计算机科学之广度的一系列思维活动。其本质内涵是人们用计算机进行问题求解时，对问题的表达、提出解决方案、程序的设计与编码等步骤中采用的思维方式和方法。

视频讲解：计算思维的概念及方法

计算思维的本质是抽象和自动化，抽象是指在用计算机求解问题的过程中，把不同类别事物的本质共性分析出来，抽象可以有效地提取问题求解的关键点，抛弃琐碎环节；自动化则指熟练使用计算机的计算特长，设计出精巧的解决方案。

计算思维的培养，需要学习者在不断的实践过程中，对方法运用进行逐步体会。我们将从 1.1.2 节开始，逐步以实例的方式对计算思维的概念加以讲解，期待学习者从此对计算思维有根本认识上的转变。

2. 计算思维的特性

计算机科学本质上源自数学思维，程序化本身就存在着大量的数学逻辑实现。但因计算机科学是利用计算机解决各类问题的，其本身又受到一些限制：如存储、计算速度、精度等，不能只是数学性地思考，而必须从工程思维上加以补充，所以可以这么认为，计算机科学是逻辑和工程思维的互补与融合。

例如，梯形求积分问题，是数学上的极限问题。如果仅按数学理论，用计算机计算是无法实现的，因为分割的梯形小了还可更小，计算机如何表达无限小？因此，此类问题的解决必须考虑工程可实现问题。

3. 开展计算思维教学

计算机基础教育者们预测，计算思维将是 21 世纪中叶人类的一种基本技能，这种技能就像今天人们普遍掌握的阅读、写作和算术（Reading，wRiting，and aRithmetic——3R）技能一样，我们每个人将习惯于在不同种类问题的思考中注入计算的元素。在关于大学生计算思维能力培养的问题上，教育界已经达成了共识：计算机科学的教授应当为大学新生开一门称为"怎么像计算机科学家一样思维"的课程，面向所有专业，而不仅仅是计算机科学专业的学生。要让学生明白，计算问题无处不在，计算思维无往不利的道理。美国科学家 Stephen Wolfram 在其著作 *A New Kind of Science* 中提到，传统科学建立在数学上，新的科学建立在计算机程序上。这充分体现了计算机思维培养的重要性。

1.1.2　人类行为理解

视频讲解：计算思维案例

人类能够掌控世界，最大的优势在于其学习和知识归纳提高的能力。人类在处理不同类别的问题时，如果问题以前遇到过、或者可采取日常生活中的类比，则往往会加速对问题的理解，从而提出较可靠的解决方案，用计算机科学的基础概念对这些人类行为进行理解，属于计算思维的范畴。

计算思维案例 PPT

例如，在将一组数据排序时，联想到上体育课时按身高排队的过程，人类行为往往采用如下实现过程：

step1：从所有人中挑选最高者。

step2：将最高者放在一个位置 p_0。

step3：从剩余学生中再找最高者。

step4：将其排在 p_0旁边的位置 p_1。依此类推，将继续挑选出来的人选放到 p_2，…，

p_n的位置，就可以完成排序过程。

可以进一步设想，如果在 step1 挑选第一个学生时就认为是从“剩余的学生中挑选最高者”，则可以将上述过程变通为反复重复 step3，step4 即可。对计算机而言，这种反复就是循环做某件事情，也是自动化的基础。

可以进一步给上述的排序过程增加一点限制，即在不增加额外空间存储需求的情况下完成排序。解决该限制可以通过记录新挑选出来的学生应该存放的位置 k 和该学生目前所在的位置 i，并将这两个位置的学生进行交换来进行。因此用计算机来完成排序的过程就可以描述为：

开始：将所有学生身高数据保存到表 L 中。

Step1：当前应存放位置 $k=0$。

Step2：进入循环。

Step3：从剩余学生中找最高者的位置 i。

Step4：交换 L 中位置 k 和 i 的学生。

Step5：位置 k 增加 1。

Step6：如果 k 等于学生总数，结束，否则转 step3。

上述过程，从一个生活中的例子，去理解问题的计算机实现，及实现自动化时应重点考虑的问题。

再如一组数据去重复项的过程，数据已存储在一个表中，因为删除重复数据还涉及数据项之间的前后关系及数据移动的问题，因而逻辑比较复杂。此时，如果类比日常生活中的例子：统计一个装有不同颜色小球的袋子里的小球共有几种颜色，它也属于去重问题。可以设想如下的步骤：

Step1：从袋了中取出一个小球。

Step2：比对这种颜色是否没记录，如果记录了，则丢弃，否则将该颜色加到色彩记录集中。

Step3：如果袋子空了，结束；否则转向 Step1。

采用上述过程，去重过程就变得很简单。该案例也很好地体现了计算思维中提到的在算法与存储之间寻求平衡的方法：牺牲了部分存储空间而使逻辑简化。在数据处理的程序设计中，尽量类比日常生活中的例子，可以有效提高对问题的理解深度，从而达到简化逻辑的目的。

1.1.3 抽象和分解

人们在处理一些复杂系统时，经常采用的手段是将问题分解，即将问题分解为互相独立或相互间关联较少的子系统，达到逐步精化求解的目的。在计算求解的领域，这种方法被称为自顶向下(Top-Down)的分析方法，很明显，成功的关键是将问题有效地分割抽象。

例如设计一个校园车牌自动识别系统，其要求是：自动识别进出校园的车牌，对于在校园内注册的车牌(教职工的私家车)，识别确认后抬杆放行，对于非注册车辆，经门卫确认后放行并计时收费。

该系统的分析并不复杂,可将系统分为如下 3 个模块:

(1) 教工车辆校内注册模块,负责车辆的校内注册和取消注册。

(2) 车牌识别模块与查询模块,判别是否为校内注册车辆并确定收费。

(3) 后台模块,统计收费、车辆在校时间等管理需要的信息。

这三个子系统中,最难实现的是汽车牌照的自动识别,它涉及图像采集、数字分割、模式识别算法。在项目开发过程中,可以通过预留接口、采取封装技术,将汽车牌照的计算机识别过程独立出来、甚至委托第三方开发。

1.1.4 约简与结构化设计

计算思维是通过约简、嵌入、转化和仿真等方法,把一个困难的问题阐释成如何求解它的思维方法。结构化程序设计中的模块化就是一种典型的约简过程。程序员设计系统时,经常使用各种函数如:正弦函数 sin,求平方根函数 sqrt 等,可以从中体会到这些函数给我们带来的便利。如果我们正在处理的问题,有某个算法需要经常被调用,就应该学习如何将其优化固定,使其成为系统搭建的一个构件,随时在该出现的地方被使用,使程序的逻辑变得简单。

结构化程序设计带来的好处是容易将一个系统中被多个模块共同使用的模块分离出来。以 1.1.3 节中提到的车牌自动识别系统为例,系统中提到的三个模块都需要操作数据库,因此可以将负责数据库链接的模块独立出来,供各模块调用,其体系构架如图 1.1.1 所示,这种方式提高了系统的可维护性。

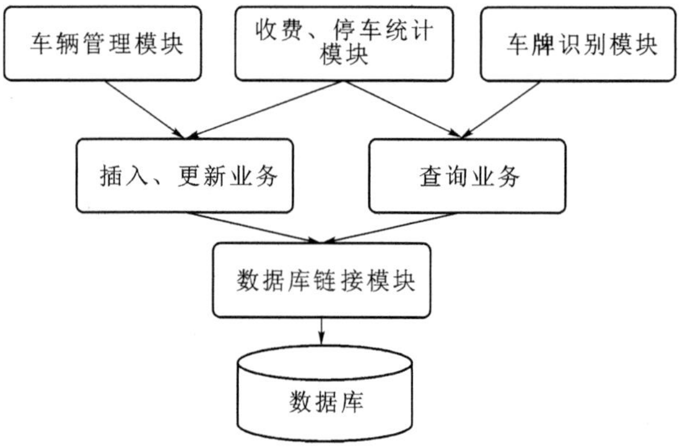

图 1.1.1 学校车辆管理系统的体系构架

现代计算机程序设计语言都强调程序代码的结构化,不只体现在函数模块的规划抽象上,也体现在程序代码的编写上,例如在 C++中,任何一个循环,都强调循环体语句组向右缩进,以表达一种从属关系,增加可阅读性。虽然书写时,循环体语句不向右缩进也不违反语法,但在软件设计行业中,不遵循这样的书写格式,则意味着你不是一个合格的程序员。而 Python 语言则要求更严格,如果不遵循这样的结构化格式,系统即认为编码非法。

1.1.5 面向过程与面向对象

1. 面向过程的程序设计

在软件发展的初期,人们习惯于面向过程的程序编写方式,其特点是将问题看作一系列需要完成的任务，将完成任务的要素抽象归纳为多个函数。这种程序设计方式将数据与处理数据的程序分开，这符合人们刚刚进入编写程序领域、处理简单问题的习惯。这符合冯·诺依曼计算机顺序化处理逻辑，易被初学程序设计者接受。

然而，面向过程的程序设计方法在处理较大规模的系统时，很难控制系统的复杂度。在多函数程序中，由于采用了数据与函数分离的方式，整个程序流程中，许多重要的数据被放置在全局数据区，由程序员控制数据在不同函数间传递，这也被称为数据的封装性不够。由于每个函数都可以有它们自己的局部数据，所以完全存在函数内部对全局数据进行无意修改的可能，导致程序的正确性不易保证。

2. 面向对象的程序设计

1967 年挪威计算中心的 Kisten Nygaard 和 Ole Johan Dahl 开发了 Simula67 语言，在这种语言中引入了数据抽象和类的概念，提供了比函数更高一级的抽象和封装。它被认为是第一个面向对象的程序设计语言。之后，美国 Palo Alto 研究中心的 Alan Kay 所在的研究小组开发出的 Smalltalk-80，被认为是最纯正的面向对象语言，它对后来出现的面向对象语言，如 Object-C、C＋＋等，都产生了深远的影响。

面向对象程序设计，将世界万物看作对象，并对同种对象的共同性质进行抽象，形成一种类别。在程序的实际设计中，将对象作为程序的基本要素，而对象则是行为和属性的结合体。用计算机程序领域中的术语来说，是将数据（对象的属性）和代码（对象的行为）结合为一个整体。这种包装带来的巨大优势是：代码很容易被继承和复用；每个类都可以被当作一个坚固的构件，用于不同系统的搭建，因而非常符合工程建造领域快速搭建的思维方式，系统的复杂度得以很好地分散控制，适用于大型体系的建设。

面向对象程序设计的主要特征包括：

（1）封装性

封装使数据和处理数据的程序组装为一个整体，从而可以实现独立性很强的模块。通过封装技术，很容易将类的使用者和设计者分开，实现信息的隐藏，使得使用者只能见到对象的外部特性，不必知晓行为实现的细节，只须用设计者提供的方法来访问该对象。

（2）继承性

继承性指子类自动拥有父类的数据和方法的机制。一个类可以直接继承其父类的部分或全部特征，同时可进行修改和扩充。其带来的巨大利益是，在支持系统可重复性的基础上，进一步提升了系统的可扩充性。

（3）多态性

多态，是指父类中定义的方法，被不同的子类继承之后，每个子类通过扩充，拥有不同的行为。多态性的实现受到继承性的支持，通常的设计方法是：利用类继承的层次关系，把具有通用功能的特性存放在类层次中尽可能高的地方，而将实现这一功能的不同方法置于较低层次。这样，在这些低层生成的对象就能给通用的消息以不同的响应。

1.2 计算思维案例

为加强对计算思维的理解，本节以大学基础课程教学中的一些案例的计算机求解为例，希望将计算思维中抽象的概念通过实例进一步阐述清晰，以易于理解。

1.2.1 梯形积分逼近

程序：
梯形积分 e-x

高等数学中求解函数积分时，通过将积分区间分割成无限小的梯形来求解，如图1.2.1所示：

在梯形无限小时，所有小梯形的面积之和，就是函数在区间$[a,b]$中的积分。在用计算机求解该类问题时，摆在我们面前的一个问题是：小梯形区间小到什么时候才算无限小？因为用计算机计算时，不可能像高等数学理论中讲的那样无限小。如果这样，这个问题就算不完了。那如何使这样的问题变得可编程计算？此时可以利用容错概念，即将梯形的无限小定义为当梯形小到一定程度，再小下去时，求得的积分变化几乎可以忽略不计。此时，虽然求得的积分值不是精确解，但对计算求解而言，已经可以满足要求的精度。

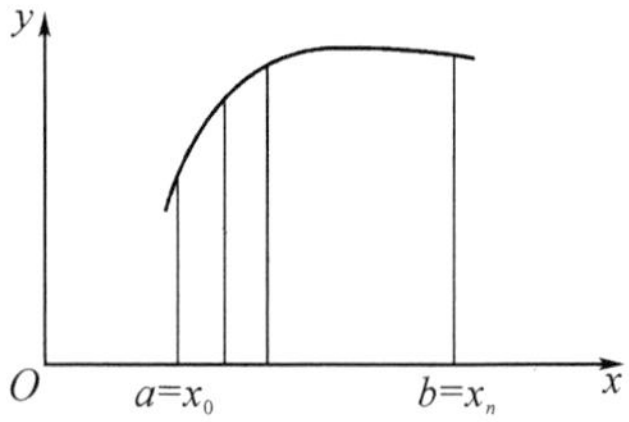

图 1.2.1 梯形法求积分

在这样的指导原则下，梯形求解积分就变得可计算。由此，可以设计这样的思路：

先将积分区间分成 n 份，求得一个积分值 S_1。

将积分区间份数扩大为原来的两倍，即 $2n$ 份，再求一个积分值 S_2。

如果 S_1-S_2 的绝对值足够小，则求解过程结束，否则再将区间分成 $4n$ 份，如此反复增加积分区间的份数，达到求解的目的。

上述思考得到的求解方法，由于事先难以得知划分小区间的最佳份数，所以，需要一个自动化的循环迭代过程来求解。通过循环，不断将原来的小区间份数变成原来的 2 倍，并比较前后 2 次所求积分的差值。因此使用循环的求解过程可以描述如下：

将区间看作一个大梯形，区间计算面积记录到 T_2，小区间个数 n=1

令精度为 eps=10^{-6}

循环开始

令 $T_1=T_2$

令 n=2n

计算新的面积 T_2

如果 T_1-T_2的绝对值小于 eps，计算结束

否则转到循环开始位置

这种循环迭代配合精度的策略，在计算求解的过程中经常使用。例如求解 e^{-x} 的近似

值，sin(x)的近似值等问题，将它们用级数展开后，可以分别得到如下的公式：

$$e^x = 1 + \frac{x}{1!} + \frac{x^2}{2!} + \frac{x^3}{3!} + \cdots$$

$$\sin(x) = \frac{x}{1} - \frac{x^3}{3!} + \frac{x^5}{5!} - \frac{x^7}{7!} + \cdots + (-1)^{n-1}\frac{x^{2n-1}}{(2n-1)!}$$

该类问题，通过分析其计算公式，在给定精度的条件下，都可以通过循环的方式实现求解。

1.2.2 插值与离散积分

科学试验中，往往难以明确待测量与其响应间的函数关系。但通过试验测得一组试验点，却是不难做到的事，如图 1.2.2 所示。

此时再提出积分的任务，没有函数形式，该如何实现？

简单思考后，我们可以选择 3 种方案：

(1) 直接用试验点形成的小梯形进行积分；

(2) 通过曲线拟合等手段，得到所有试验点的拟合函数，然后再用 1.2.1 节提供的策略求解；

(3) 通过将试验点逐段拟合成不同的函数，对于落在 2 个测量点之间的小梯形，通过该段的拟合函数求解。

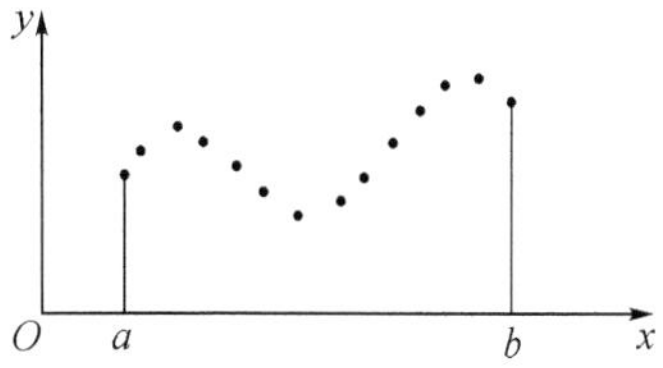

图 1.2.2 离散试验点的积分

在实际应用中，采用 3 点拉格朗日分段模拟插值的方法应用很普遍，可以很好地解决离散试验的积分问题，又被称为离散积分。这种问题转化手段，也是问题求解的计算思维方式。

1.2.3 计算模拟

科学研究中经常遇到一些用试验和理论思维难以解决的复杂问题，这其中有部分问题可以通过计算机模拟大大加快理论验证。例如材料领域晶体的随机生长、航天器飞行的空气动力学计算、核反应体系中子碰撞过程，等等。这类问题求解中的模拟手段也是计算思维的体现。

图 1.2.3 是利用计算机模拟得到的多晶材料晶粒生长情况，可为材料研究提供新的方法和重要依据。

下面我们以一个简单的求解 $f(x) = e^{-x}$ 函数在区间[0, 1]的积分为例，来谈谈随机模拟求解的实现方式。虽然该例用高等数学的理论很容易求解，但这里我们采用一种完全不同的思路求解，以扩展读者计算求解的思路。

先观察一下图 1.2.4，图中曲线即为 $f(x) = e^{-x}$。如果将此图看作一幅数字化的图片，则可以将积分看作是曲线下面的点占总点数的百分比。

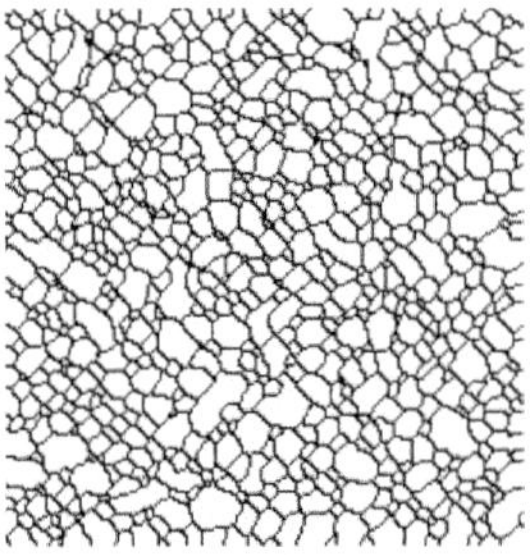

图 1.2.3　多晶材料晶粒生长的计算机模拟

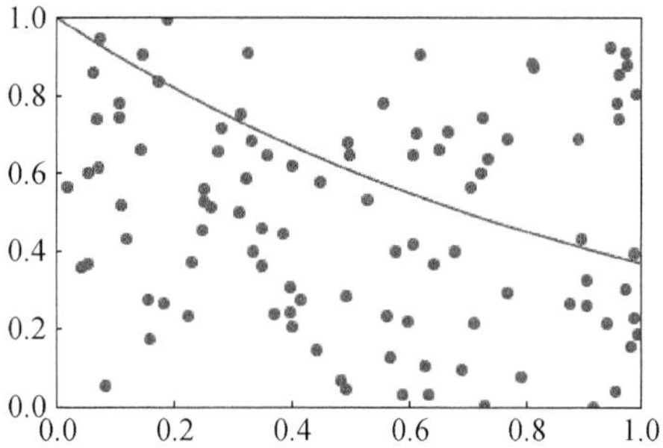

图 1.2.4　计算机模拟求解定积分

这是一个特殊设计的例子，函数及自变量所在的区间都在[0,1]范围内，这个矩形的面积为 1，因而曲线下面的面积(积分)，正好是曲线下面的所有点占矩形全部点的百分比。

为使问题可模拟求解，可设定如下的随机过程：不断在矩形($0 \leqslant x \leqslant 1$, $0 \leqslant y \leqslant 1$)中产生均匀分布的点，这产生了两个服从[0, 1]均匀分布的随机量 X、Y，且两者相互独立。定义事件

$A=\{Y \leqslant f(x)\}$，然后计算 A 事件发生的概率，当在图 1.2.4 中随机产生大量的点时，A 事件的概率就接近真值，此时，A 的概率就是问题的近似解。

故此，设计如下的求解伪码：

设定产生的所有的点数 N
产生 N 个随机小数，记录到 $X(x_1, x_2, \cdots, x_n)$中
再产生 N 个随机小数，记录到 $Y(y_1, y_2, \cdots, y_n)$中
曲线下面的点数 count 初值=0
令 i 从 1 到 N 循环
根据 x_i，计算函数值 $f(x)=e^{-xi}$
如果 $f(x) \leqslant y_i$，则 count=count+1
计算概率 count/N

对应的 Python 程序如下：

程序：
模拟求积分

```
import random as R
import matplotlib.pyplot as plt
import math
points=100 #产生点数，
below=0
x2=[]
y2=[]
for i in range(points):
    x, y=R.random(), R.random()
```

```
        x2.append(x)
        y2.append(y)
        if math.exp(-x)>y:
            below +=1
pi=below/points
print(pi)
```

以下是用 Python 编写的程序在不同 N 值时的计算结果，见表 1.2.1：

表 1.2.1 蒙特卡洛模拟计算定积分

随机点数	10^3	10^4	10^5	10^6	真值
积分值	0.607	0.629 3	0.634 28	0.632 749	0.632 12

从计算结果可以看到，随着随机点数的增加，结果逐步逼近真值。

思考题

1. 请举例简单描述你对计算思维中的约简、嵌入、转化等方法的理解。
2. 请举例描述计算思维中如何通过抽象控制复杂度。
3. 通过梯形积分案例，谈谈你对计算思维迭代自动化、可计算求解的理解。
4. 通过搜索引擎查找通过随机过程求圆周率值的过程，谈谈计算机随机过程模拟的作用。
5. 已知 $\sin(x)=\frac{x}{1}-\frac{x^3}{3!}+\frac{x^5}{5!}-\frac{x^7}{7!}+\cdots+(-1)^{n-1}\frac{x^{2n-1}}{(2n-1)!}$，请从约简、容错及迭代等方面谈谈该问题应如何求解。

第二章

Python 语言基础

选择 Python 作为求解问题语言的理由有很多，但最根本一点，是因为计算求解中，有许多想法需要立即验证，而 Python 是最容易验证求解者想法的语言。我们不必像 C++或 Java 那样，为了验证一个运算符、一个简单表达式取值，就必须编写一个 main 函数。在 Python 中，只需将想验证的语句输入，回车即可得到答案。

2.1 Python 简介

自 Guido van Rossum 在 20 世纪 90 年代初创造出 Python 语言以来，它的用户就在稳步增加，在多种操作系统中得到支持，在游戏、生物信息学、机器学习等领域中也得到广泛应用。到 2014 年 7 月，Python 已是美国高等学校使用最广泛的计算机编程教学语言之一。具体来讲，在计算机科学专业中，美国高校中排名前 10 中的 8 所(80%)和排名前 39 中的 27 所(90%)，将 Python 作为计算机科学课程的首选语言，统计结果见图 2.1.1。

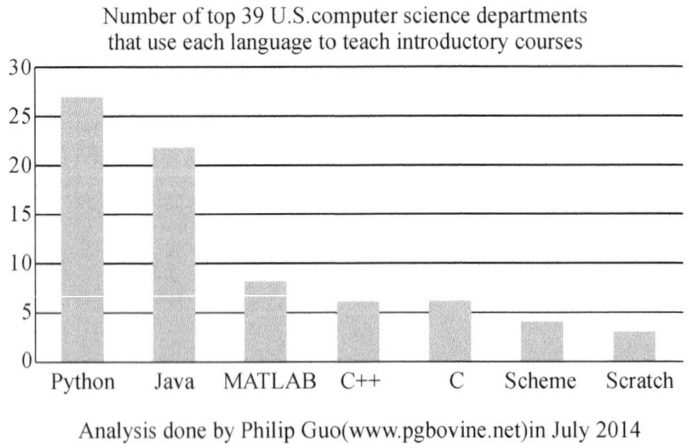

图 2.1.1　2014 年 7 月美国排名前 39 高校计算机科学系使用计算机语言统计表

再来看看互联网中对 Python 的描述，以增强学习它的决心：

(1) 简单：Python 是一种代表简单主义思想的语言。阅读一个良好的 Python 程序就感觉像是在读英语一样，尽管这个英语写作的语法要求非常严格！Python 的这种伪代码本质是它最大的优点之一。它使你能够专注于解决问题而不是去搞明白语言本身。

(2) 易学:就如同你即将看到的一样,Python 极其容易上手。

(3) 免费、开源:Python 是 FLOSS(自由/开放源码软件)之一。简单地说,我们可以自由地发布这个软件的拷贝、阅读它的源代码、对它做改动、把它的一部分用于新的自由软件中。

(4) 高层语言:当用 Python 编写程序时,无须考虑诸如如何管理程序使用的内存一类的底层细节。

(5) 可移植性:由于开源本质,Python 被移植在许多平台上。Python 程序无须修改就可以在下述任何平台上运行:Windows,Linux,Android,Macintosh,Solaris,FreeBSD,OS/2 等。

(6) 面向对象:Python 既支持面向过程的编程也支持面向对象的编程。

(7) 可扩展性:如果某些关键代码需要运行得更快或者涉及技术核心机密,可以将这部分程序用 C 语言或 C++编写,然后在 Python 程序中调用它们。

(8) 可嵌入性:可以把 Python 嵌入到 C/C++程序中,从而向用户提供脚本功能。

(9) 丰富的库:Python 标准库很庞大,涵盖正则表达式、文件、线程、数据库、WEB、CGI、FTP、电子邮件、XML、HTML、WAV 文件、密码系统、GUI(图形用户界面)、Tk(图形库),等等。只要安装了 Python,所有这些功能都是可用的。除了标准库以外,还有许多其他高质量的库,如 wxPython 可以辅助程序员编写 Windows 界面的应用程序、面向互联网编程的 Twisted、面向矩阵运算的 numpy、图形处理类库 matplotlib、图像库 PIL(Python Imaging Library),等等。

(10) 出身:Python 是类 C 的语言,其语法也与 C 语言类似。

2.2 Python 编程环境

Python 的编程环境有太多的选择,根据计算要求的差异,不同的开发运行环境可适应于不同的目的,从满足简单计算任务到较复杂的专业计算需求,都有对应的运行环境。

2.2.1 Python 资源

Python 资源非常丰富且多数都是免费开源的,这些资源被分成了两个版本,Python2.x 和 Python3.x,由于 Python3.x 是今后的主流方向,所以本书中采用的是 3.x 版本。鉴于本课程的主要目的是培养学生学习计算思维方式以提高问题的求解能力,所以其涉及的内容只是 Python 资源很小的一部分,主要包括:

(1) Python 基础编程环境。

(2) 矩阵运算类库 numpy。

(3) 科学计算类库 scipy。

(4) 图形制作库 matplotlib。

2.2.2 运行环境

1. Python IDLE

当安装了 Python3.x 之后，在 Windows 的开始菜单中可以找到安装目录，在其中找到程序 IDLE(Python GUI)，它就是最简单的编程运行环境，见图 2.2.1。

Python IDLE 中的“＞＞＞”是语句提示符，任何合法的 Python 语句、表达式都可以在其后输入，回车后立即生效。图 2.2.1 中，给变量 x 和 y 分别赋值，并用 z 计算二者的和。这和我们在学习代数时的学习过程是一致的，无需考虑 x、y、z 是否定义过，是什么类型的变量等问题。

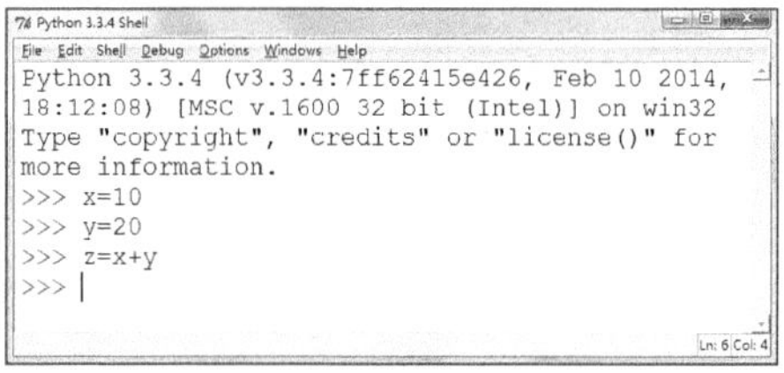

图 2.2.1 Python 的 IDLE

虽然图 2.2.1 中所示的操作对编程者验证简单问题很重要，但实际编写程序时，几乎不会这么编写。图 2.2.1 中的 File 菜单，可以帮助我们将求解问题的语句组形成一个文件，也称为源程序并保存下来(后缀为.py)，以便随时执行。其过程为：通过 File → new file 菜单，建立文件，见图 2.2.2。输入程序语句，保存成.py 文件，然后通过 Run → Run Module 菜单运行程序，也可以直接用快捷键 F5 运行程序。

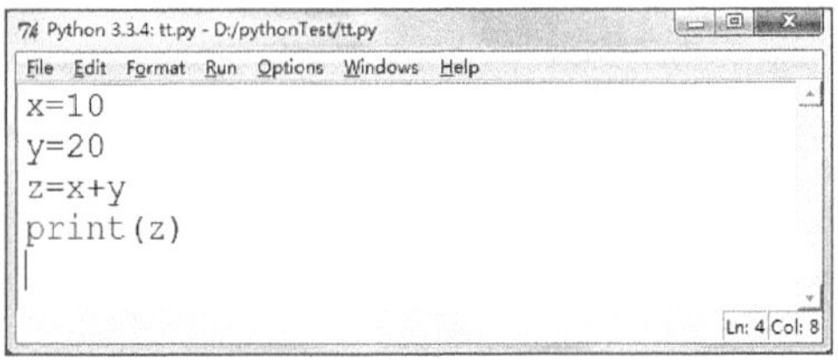

图 2.2.2 用 IDLE 编写 Python 程序

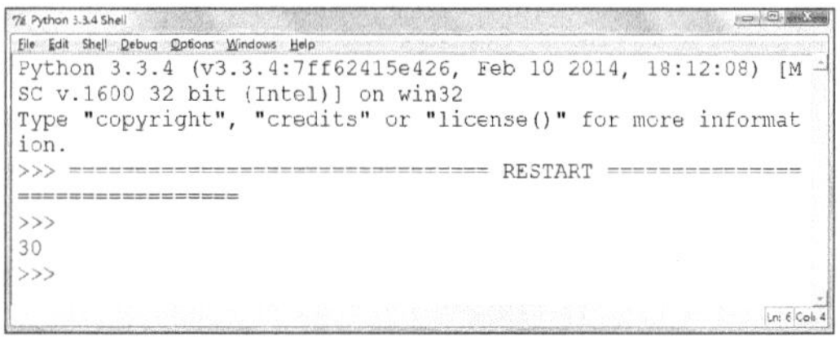

图 2.2.3 Python 程序运行后的输出结果界面

对比图 2.2.1 和 2.2.2，可以发现程序语句是一样的，只是我们看不到“＞＞＞”号。最后的 print 语句代表输出。

程序运行时，会再次回到 IDLE 的 shell 界面，如图 2.2.3 所示。

注意图 2.2.3 中的 RESTART 行，这是提示行，通知用户，刚才运行的程序的结果在这行之后。

2. anaconda

作为开发环境，无论是各种类库的配置，还是系统升级，anaconda 都是 Python 开发环境较好的选择。它是完全免费的企业级 Python 大规模数据处理、预测分析和科学计算工具，适合进行科学计算研究。前面提到的各种数据处理、制图所需的类库，在 anaconda 安装完毕后，都已自动为用户配置完毕，从这点出发，anaconda 比 IDLE 有更大的优势。

anaconda 可以从 https://www.anaconda.com/download/免费下载，分 windows 或

linux 版。windows 版本的下载界面如图 2.2.4 所示：

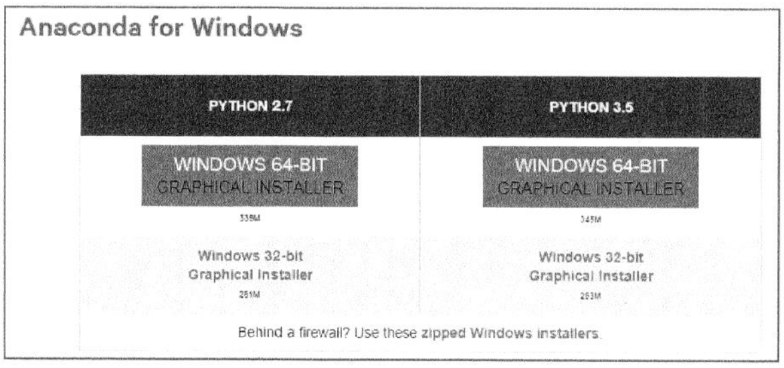

图 2.2.4 Anaconda Windows 版的下载界面

本书中选择的是 PYTHON 3.5，Windows 64-bit 版本。

下载完毕后，直接双击安装包即可完成安装。安装完毕后，在 windows 的开始菜单中找到其安装目录，在目录中找到 spyder，运行它，即可进入开发环境。如图2.2.5 所示。

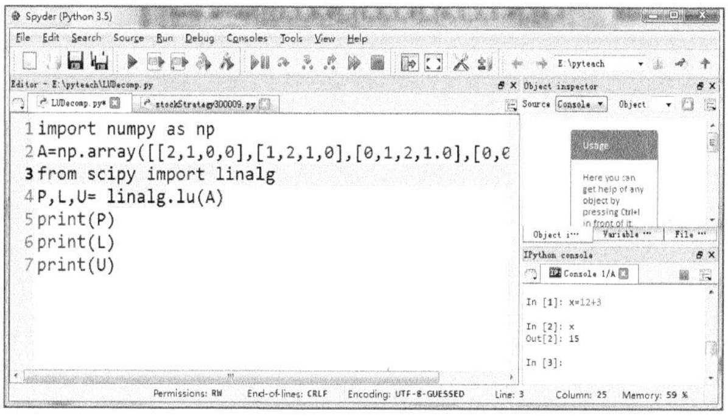

图 2.2.5 anaconda 的 spyder 开发环境

如果想调节 spyder 编辑环境中的字体，可以通过 Ctrl + Alt + Shift + P 键，打开 Preference 对话框，在左边选择并点击 Editor，在右侧中的 Font Style 一栏中设置字体 Font 和大小。

Anaconda 开发环境默认情况下并没有安装所有的开发包，但要为其安装或更新某个软件包是很容易的事。其操作过程为：在 Windows 开始菜单找到 anaconda prompt 菜单，点击后，用以下三条命令可分别完成软件安装情况列表、安装、升级：

```
<<< pip list
<<< pip install 包名称
<<< pip install__upgrade 包名称
```

例如，要安装 CPU 版本的深度学习包 tensorflow，可使用如下命令：

```
<<< pip install -- upgrade -- ignore-installed https://storage.googleapis.com/tensorflow/windows/cpu/tensorflow-0.12.0rc0-cp35-cp35m-win_amd64.whl
```

也可使用 conda 命令安装、更新包，格式如下：

```
<<< conda install 包名称
```

这个命令可以完成指定包的安装，例如：

```
<<< conda install BioPython
```

即可在 anaconda 中安装生物信息学包 BioPython。

3. 微软 Visual Studio(VS)

Microsoft Visual Studio 是一个功能非常强大的集程序开发、调试于一身的编程环境，微软在其中除了支持 C++、C#、VB 外，也预留了支持其他语言开发程序的接口，这其中就包括对 Python 开发的支持。在安装 VS 后，只需在 VS 上安装 PTVS(Python Tools for Visual Studio)插件，就可以在 VS 中方便编写 Python 程序。在 VS 中，程序员可以方便管理问题解决方案的所有模块，对每个模块进行单步执行，跟踪每个变量的取值，调试程序，如图 2.2.6 所示。

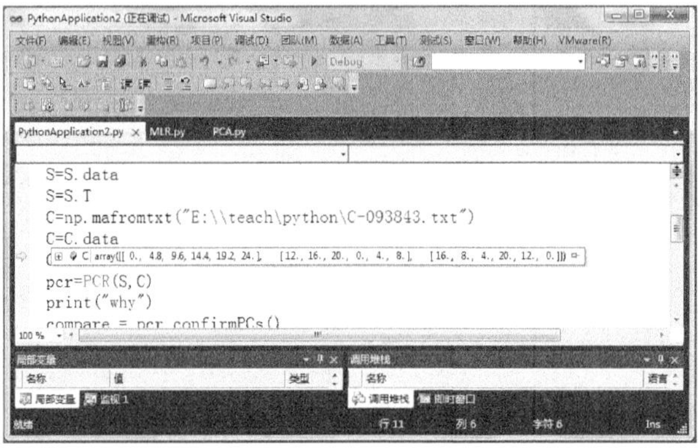

图 2.2.6 在 VS 2010 中调试跟踪 Python 程序

2.2.3 Python 的运算速度

不可否认，如果程序编写不当或者选择的类库不合适，Python 的运算速度确实可能很慢。但如果了解了提高 Python 性能的技巧，则 Python 可以在几乎任何领域都表现出高性能，常见的方法是使用高性能类库和多 CPU 线程并行计算。从下面的几个典型的例子可以看出，进行海量计算时，为提高计算性能而需要注意的一些问题。

以大数据分析领域中的金融分析为例，其常见任务是重复性地进行复杂公式的计算。Python 语言本身提供了实现这些任务的函数，例如计算下面的 2 500 万次数学公式的程序：

```
loops=25000000
from math import*
```

```
a=range(1,loops)
def f(x):
    return 3* log(x)+cos(x)** 2
%timeit r=[f(x) for x in a]    #此语句在 anaconda 的 console 窗口[in]后输入
1 loops, best of 3: 22.6 s per loop
```

上面代码使用基础 Python 函数计算了 2 500 万次 $3\log(x)+\cos(x)^2$,耗时 22.6 秒。

使用 numpy 类库,也可以完成上述的任务,其实现代码如下:

```
import numpy as np
loops=25000000
a=np.arange(1,loops)
%timeit r=3* np.log(a) + np.cos(a)** 2    # 此语句在 anaconda 的 console 窗口[in]后输入
1 loops, best of 3: 979 ms per loop
```

程序运行耗时 979 毫秒,计算速度得到了飞跃性的提高。这是由于 numpy 对计算进行了优化处理,所以性能必定优于基础 Python。

除了 numpy 外,还有一些类库更具针对性。例如 numexpr(Numerical Expression,数值表达式),它改善 numpy 通用功能的性能,避免程序执行期间数组在内存中复制,且可以方便地设置线程数而完成并行计算,达到提高计算性能的目的。

```
import numexpr as ne
import numpy as np
ne.set_num_threads(1)    #  使用一个线程
loops=25000000
a=np.arange(1,loops)
f='3* log(a) + cos(a)** 2'
%timeit r=ne.evaluate(f)    #此语句在 anaconda 的 console 窗口[in]中输入
1 loops, best of 3: 657 ms per loop
```

使用 numexpr 后,使程序的运行时间降低至 657 毫秒。

上面程序代码中,只使用了一个线程[语句 ne.set_num_threads(1)]。目前,很多的 PC 机都提供多核、多线程支持。将上述程序中设置线程的语句修改为:

```
ne.set_num_threads(4)
```

即可使用 4 个线程,在同一台电脑上,耗时进一步缩减为 323 毫秒。

从上面的例子可以看出,对于同一个任务,用基础 Python 需要耗时 22.6 秒,但通过使用合理的类库进行优化,最终可以实现提升速度 70 倍,用 0.32 秒完成。特别值得关注的是,这种性能的改善,并不需要编程者了解有关编译、并行计算等专业化的编程知识,即使非计算机专业人士也可方便实现。

2.2.4 Python 程序转换为 exe 文件

通常 Python 程序离不开 Python 开发环境，而且需要提供源代码。这为程序的知识产权保护及程序的运行带来不利。所幸的是，Python 的志愿者开发了对应的转换程序，一个典型的代表是 pyinstaller。在 anaconda 环境下，转到 windows 的命令行窗口，进入 anaconda 的安装目录，运行：

```
>>> pip install pyinstaller
```

即可完成 pyinstaller 的安装。

使用 pyinstaller 转换 py 文件为一个独立可运行的 exe 程序的过程为：在命令行窗口中，进入 anaconda 的安装目录，然后输入命令行如下：

```
>>> pyinstaller  -F  e:\pyteach\lyl\math.py
```

执行结果如图 2.2.7 所示。

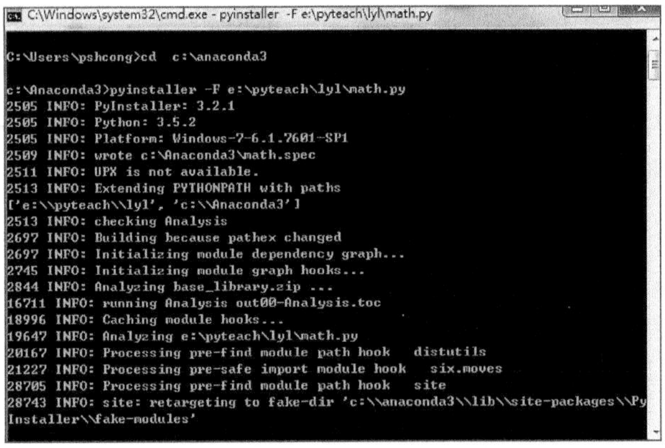

图 2.2.7　pyinstaller 转换 Python 程序为 exe 可执行文件

程序执行完毕后，在 anaconda 的安装目录下面的 dist 目录中，将生成 math.exe 文件。

2.3 语言基本要素

Python 作为一种程序设计语言，有其本身的组成要素和语法规则。因此，在用 Python 编程求解问题时，首先需要对其语言要素进行了解。

2.3.1 基本数据类型

Python 3.x 对数据类型的管理更加人性化，例如，它不再要求编程者自己管理整型和长整型，也不再将整数除法运算的结果默认表达为整数。所以，Python 3.x 的初学者，着重掌握四种基本数据类型即可，包括：整型、浮点型、布尔型、字符串类型。

1. 整型

Python 3.x 对整数运算的法则是：在结果能保证是整数的运算符中，例如加、减、乘、绝对值等，结果仍然保持整数，但在除法、开根等运算中，得到的结果则为实数。如果需要指定整数除，则使用运算符//。

在 Python 3.x 中，只要内存许可，整数可以表达到任意范围，例如，在 64 位的操作系统中输入：

```
>>> 2**100
1267650600228229401496703205376
```

可见 2^{100} 也表达得很好，这已经超出了操作系统的位数。实际上，读者也可尝试 2^{1000}，但这个整数实在是太长了。在实际的科学计算中，如果真遇到这种情况，用浮点数会更好些。

2. 浮点型

浮点型指带有小数点部分的数值，对应于实数域。需要特别强调的是，浮点数的表达并不一定都非常精确，例如：

```
>>> 2.2-1.2
1.0000000000000002
```

这要求我们在做判断计算时特别注意，例如，程序中用下面的语句作为判断准则以决定后续的步骤时，就是错误的：

```
(2.2-1.2)==1.0
```

这种情况，有经验的程序员一般采用如下的形式表达：

```
abs((2.2-1.2)-1.0)<0.000001
```

最后，也需要提一下浮点数的表达范围，虽然很多人将浮点数理解为实数集 R，但实际上受内存及浮点数在计算机中表达的限制，浮点数的表达范围做不到 $(-\infty, +\infty)$。

3. 布尔型

布尔型的取值只有两个：True 和 False，一般用在关系运算和逻辑运算中，用于判断事件的真假。见下例：

```
>>> 3>2
True
```

4. 字符串类型

字符串是字符的序列，在 Python 中，字符串有三种表达形式：

(1) 用单引号包括的单行字符序列。

(2) 用双引号包括的单行字符序列。

(3) 用两边都是 3 个单引号或 3 个双引号包括的多行字符序列。

见下面的例子

```
>>> 'a string enclosed in single quotes'
'a string enclosed in single quotes'
>>> "a string enclosed in double quotes"
'a string enclosed in double quotes'
>>> ''' a multi-line string
enclosed in triple quotes'''
' a multi-line string\nenclosed in triple quotes'
```

仔细阅读上面的例子，可以发现最后显示的结果都是用单引号包括的字符序列，这是Python在通知我们：结果是个字符串！

用三个单引号形成的字符串的例子，其结果显示中有一个奇怪的部分：string\nenclosed，这是由于在形成字符串的时候，在string的后面有一个换行符"\n"。

此外，在windows系统中表达文件的路径时，也需要使用"\"，为正确表达路径，需要对"\"进行转义，用"\\"表达。例如：

```
>>> path='c:\\Python33\\data.txt'
```

如果不习惯使用双斜杠，或者感觉烦琐，请使用Python原串，即在字符串的前面加"r"，例如：

```
>>> path=r'c:\Python33\data.txt'
>>> path
'c:\\Python33\\data.txt'
```

2.3.2 变量及常数

在编程语言中，变量的名字被称为标识符，其定义为：以字母或下划线开头的字母、数字、下划线的序列，例如：_thisSchool，studentName，doTest 等都是符合语法定义的标识符。

常数是指某种类型的固定值，例如：123，24.5，True，'Teacher' 分别指整型、浮点、布尔、字符串类型的常数。

对于非常大或非常小的浮点数，一般用科学计数法来表达，其格式为：$a\text{e}\pm n$。一般 a 为大于0小于10的数值。n 为正整数，意为10的 n 次方。例如1.0e−308代表 10^{-308}。

2.3.3 运算符

运算符代表变量、常数、函数等参与运算的法则，也被分成不同的类型。

1. 算数运算符

Python 3.x 中的算数运算符及意义见表2.3.1。

表 2.3.1　Pyhon 3 的运算符

运算符	意义	运算符	意义
+	加	//	整数除
−	减	**	乘方
*	乘	%	取余
/	实数除	abs(x)	取 x 绝对值

+，* 运算也可以用于字符串运算，+的结果是两个字符串首位相连，* 运算符将字符串与整数 n 相乘，结果是将字符串重复 n 次。

2. 关系运算符

关系运算用以决定某种关系的取值为真或假，也就是布尔值。关系运算符包括：

<（小于），<=（小于等于），==（等于），>（大于），>=（大于等于），!=（不等于）。

用于关系比较的两个表达式需要有类型的兼容性，例如

```
>>> 2>3.0
False
>>> 'abc' < 3
Traceback (most recent call last):
  File "<pyshell#3>", line 1, in <module>
    'abc' < 3
TypeError: unorderable types: str() < int()
```

我们看到，整数 2 和浮点数 3.0 比较，是有意义的，但字符串和整数比较，则没有意义。

3. 逻辑运算符

Python 提供的逻辑运算符是：and（与）、or（或）、not（否定）。其中 and 和 or 的两边都需要一个值等同于布尔型的表达式。只有两侧的值都为 True 时，and 运算的结果才为真。当两侧的表达式至少有一个为 True 时，or 运算的结果就为真。not 则是将其右侧的布尔表达式否定，即取其相反的值。

逻辑运算符也存在优先级的问题。Python 规定，逻辑运算符的优先级别为：not > and > or。

Python 的逻辑运算中，还有一种特别的表达方式，见下例：

```
>>> 0<=5<10
True
```

可以发现 Python 设计者的用意，它是代数知识在计算机程序设计中的延伸，有确定的逻辑语义。

在逻辑运算符的两侧，Python 也支持数值或字符串的表达式，也即等同布尔值的含义。对整型或浮点型而言，非 0 即真，对字符串而言，非空即真，对对象类型，非 None 即真。

4. 赋值运算符

程序中的变量，在进行具体运算之前，都需要有明确的值。Python 通过赋值符为变量赋值，赋值符有多种，简单描述如下：

(1) 简单赋值

简单赋值符号包括=、+=、-=、*=、/=、%=、**=，其中带运算符的赋值符代表变量在原值的基础上进行对应的运算，例如：

x =10，表示令 x 的值为 10，x 也就变成了整型类型；

x +=10.2，表示在 x 原值的基础上，再增加 10.2，x 变成了浮点类型；

x **=2，表示 x 的值变成原来的平方。

(2) 链式赋值

链式赋值将同一个值赋给多个变量，例如：

```
x=y=z=10.3
```

(3) 序列解包赋值

序列解包赋值指用同一个“=”符，给不同的变量赋值，例如：

```
x,y,z=1,2,3
```

序列解包还可以方便用来交换变量的值，例如：

```
x,y=y,x
```

2.3.4 数据类型转换

1. 整数、浮点数的相互转换

数值类型的转换，有些是隐式自动完成的。例如 2*3.01，2 会自动转化为 2.0，然后再进行运算。但有些运算，需要对表达式的数值类型进行显式的强制转化。如：

```
>>> a=int(2.7)
>>> a
2
```

int()和 float()分别实现浮点到整数和整数到浮点的强制转换。要注意 int()实现的整数转化，是将小数点后面的内容全部截掉了，并不是四舍五入。

2. 字符串到数值的转换

int()和 float()还可用于将数字组成的字符串转化为整数和浮点数，但请注意，数字组成的字符串，可以转化为浮点数，但能否转化为整数，则要看字符串表达的内容是否是整数。

除 int()和 float()外，Python 还提供了一个功能更加强大的函数 eval()，用于将任意字符串智能转化为其合理的对应值。见下面相关例子：

```
>>> eval('22')
```

```
22
>>> eval('22.5')
22.5
>>> eval('"hello"')
'hello'
>>> eval("True")
True
```

上面例子中，分别给 eval 提供不同类型组成的字符串，eval 分别将其转换为整数、浮点数、字符串、布尔类型。

再看下面的例子：

```
>>> a=102
>>> eval('a %10 +1')
3
```

说明 eval 将字符串中的内容看作表达式，脱掉引号后，其中的标识符全部当作变量来处理。我们可以用下面的例子再证明一下：

```
>>> eval('c * 1.1+2')
Traceback (most recent call last):
  File "<pyshell #47>", line 1, in <module>
    eval('c * 1.1+2')
  File "<string>", line 1, in <module>
NameError: name 'c' is not defined
```

Python 通知我们，c 没有定义。

3. 各种类型向字符串的转换

str()用于将各种类型的数据转化为字符串类型，请见下面各种类型数据转化为字符串的例子：

```
>>> str(True)
'True'
>>> str(20)
'20'
>>> str(22.7)
'22.7'
>>> str('a+b')
'a+b'
>>> a=20
>>> b=10
```

```
>>> str(a+b)
'30'
```

2.3.5 输入输出

在处理少量数据任务时，程序员一般通过键盘输入，在屏幕上显示计算结果。Python 3中，采用 input 函数接受键盘的输入，用 print 函数完成输出。

input 函数的格式为：

```
变量=input([字符串])
```

上式中，[]号连同其中的内容是可省略的(后续的格式说明中，[]意义相同)。

请初学者注意，input 函数将输入内容作为字符串。如果需要进行数值计算，则必须用前面讲过的函数进行转换，如转整数、浮点数等。

print 函数的格式为：

```
print(表达式 1[, 表达式 2,…,表达式 n,end=""])
```

其中表达式可以为任何类型，end=""不省略时，表示输出内容后不换行。在表达式为字符串时，其中可以包含%s，%d，%f 等对后续变量输出格式进行控制，分别控制“字符串”“整型”“浮点型”的格式，以具体例子说明如下：

```
>>> x=20
>>> y=40
>>> print('x=',x,'y=',y)
x= 20  y= 40
```

上述例子中，将字符串与变量的值间隔输出，使阅读者更容易理解结果的值的意义。

将输出语句修改，使其按一定的格式输出，如：

```
>>> print('x is %10d' %x,', y is %6d' %y)
x is         20, y is     40
```

%10d 控制 x 的输出，d 代表整数，10 代表列宽，也就是数字 20 占 10 个字符宽度，即 20 的前面有 8 个空格。请注意输出变量 x 的写法，x 的前面增加%号。

浮点数的格式控制采用%m.nf 的形式，m 为列宽，n 为小数点后面的位数，例如：

```
>>> pi=3.1415
>>> y=20.34
>>> print('PI is %10.2f' %pi,',\t y=%10.3f' %y)
PI is       3.14, y=    20.340
```

通过格式控制，pi 保留 2 位小数，数字 3.14 的前面有 6 个空格，而 y 保留 3 位小数。

【例 2.3.1】 从键盘输入两个实数存储到 x，y 中，计算 $z=x+y$，并输出 z。

在 anaconda 中，通过 File 菜单新建一个程序，输入如下代码：

```
x=input('输入 x:')
x=float(x)
y=float(input('输入 y:'))          #输入后立即转浮点
z=x+y
print('x+y=',z)
```

程序中，在输入 x 后，由于 input 得到的是字符串，所以需要将其通过 float 转换为浮点数。程序的运行结果如下：

```
输入 x:1
输入 y:2
x+y= 3.0
```

上面的例子也说明，Python 对变量类型的定义并不是固定的，而根据当前的状态决定。如上例中，x 原来为字符串类型，但它马上就通过 float 函数转变为浮点型。

思考题

1. 常见的 Python 编程环境有哪几种？请不必限于本书提及的内容。

2. 一般认为，Python 的运算速度偏慢，如果要提高运行速度，可以采取哪几种方法？

3. 有人说，Python 程序中某个变量的类型，在整个程序段中是不变的，谈谈你对 Python 变量的理解。

4. 简单描述 Python 变量类型转换的函数，包括字符串 → 整数，字符串 → 浮点数，整数(浮点数) → 字符串，字符串表达式 → 浮点数。

5. 输出函数和输入函数的名字各是什么？输入函数得到的数据类型是什么？输出函数的格式控制应该如何进行？

第三章

流程自动化

程序在执行时，按语句的先后顺序展开，但很多情况下，下一步的任务可能有多种选择。请考虑以下两个简单问题：

(1) 从键盘上输入 2 个实数，挑选大者输出；

(2) 输入 n 个数，计算 $s=x_1+x_2+\cdots+x_n$。

对第一个问题，必定涉及路径选择。对第二个问题，输入 n 个数，n 并不固定，即使 n 固定了，例如 1 000，也不可能写 1 000 个 input 语句。如果采取一边输入，一边计数当前输入数据的个数的方法，让计算机反复执行 input，问题就会得到较好的解决，这就是循环。

3.1 流程分支

if 语句用于控制流程的分支，它有三种格式，分别是：

1. if 子句

if 语句的格式如下：

```
if 逻辑表达式:
    语句组
```

if 语句的格式中，逻辑表达式的后面跟“:”号，其后续的语句组，必须向右缩进。在很多 Python 编辑器，如 anaconda 中，当输入冒号并回车后，Python 会自动向右缩进，直到程序员认为属于 if 的语句组结束，此时用 backspace 键，将语句组后面的语句与 if 对齐即可。

【例 3.1.1】 从键盘上输入 2 个实数，挑选大者输出。

```
z=x=float(input('输入 x:'))
y=float(input('输入 y:'))
if z<y:
    z=y
print("大值为:",z)
```

请注意上述程序代码的 if 语句的格式：z=y 是右缩进的。

2. else 子句

else 子句用于补充 if 条件不成立时的另一路分支，其格式为：

```
if 逻辑表达式:
    语句组 1
else:
    语句组 2
```

【例 3.1.2】 输入一元二次方程的系数 a,b,c，根据条件求解方程的实根。

程序：求一元二次方程的根

```
import math  # 需要使用开根函数，引入 math 包
a=float(input('输入 a: '))
b=float(input('输入 b: '))
c=float(input('输入 c: '))
delta=b*b-4.0*a*c
if delta>=0:
    root1=(-b+math.sqrt(delta))/(2.0*a)
    root2=(-b-math.sqrt(delta))/(2.0*a)
    print("root1=%10.3f" %root1,"  root2=%10.3f" %root2)
else:
    print("Sorry,No real roots")
```

3. elif 子句

在需要多个检测条件时，可以使用 elif 子句完成，语句组格式如下：

```
if 逻辑表达式 1:
    语句组 1
elif 逻辑表达式 2:
    语句组 2
[elif 逻辑表达式 n:
    语句组 n ]
else:
    语句组
```

请注意，在这样的组合语句中，else 如果出现，则一定在最后。

3.2 循环

循环结构在迭代求解中起着关键作用，Python 提供两种形式的循环，分别为 for，while 循环。

3.2.1 for 循环

视频讲解:For 循环及 range

在讲 for 循环之前,先讲解一个 Python 中提供的 for 循环的绝配函数 range。

range 函数产生一个数据序列,其格式为:

```
range(start, end, step)
```

其中 start 和 step 可以省略,如果 step 省略,则其值为 1,start 省略,则认为其值为 0。例如:

range(1,10)省略了 step,它生成的 range 对象,包含[1, 2, …, 9]的序列。

range(10)则省略了 start 和 step,所以产生[0, 1, 2, …, 9]的序列。

range(1,10,3)则设定了 start、end、step 的值,所以产生的序列为[1, 4, 7]。

按上面例子的总结,range 确定的范围为 [ ),即左端为闭区间,右端为开区间。

最常见的 for 循环格式为:

```
for 循环控制变量 in 序列:
    语句组
```

其语义为,将序列中的每个值赋给"循环控制变量",每赋值一次就执行一遍"语句组",直到序列中的最后一个值,循环结束。for 语句的最后跟冒号":",其所属语句组向右缩进。

【例 3.2.1】 计算 $s=1+2+\cdots+100$。

这个循环要执行 100 次,因此可以用 range(1,101)表达数据序列,所以程序代码如下:

```
s=0.0
for i in range(1,101):  # range 函数产生的数字区间为左闭右开,所以取 101
    s += i
print(s)
print(i)
```

3.2.2 while 循环

视频讲解:while 循环

请先看 sin(x)级数展开的例子,其展开式为:

$$\sin(x)=\frac{x}{1}-\frac{x^3}{3!}+\frac{x^5}{5!}-\frac{x^7}{7!}+\cdots+(-1)^n\frac{x^{2n-1}}{(2n-1)!}$$

通过不断增加级数项,求得的结果越来越精确,现要求计算到最后一项的绝对值小于百万分之一的 sin 值。

求解这个问题的最好方案,是计算当前项,然后判断其绝对值是否<1e-6,如果不是,则将其加到和上,否则停止计算。这个任务很难事先知道最后一项对应的 n 值是多少。对于这种情况,Python 提供了 while 条件循环结构,其语法格式为:

```
while 布尔表达式:
    语句组
```

其语义为:当布尔表达式为 True 时,执行语句组,直到布尔表达式的值为 False。为了让循环最终能够结束,while 的语义中还隐藏着这样一个假设:语句组必定可以改变布尔表达式的值,使其最终为 False。由于 while 循环先判断表达式是否为真,所以有可能循环体一次也不执行。

【例 3.2.2】 按级数展开式求解 sin(x)的值,最后一项绝对值要求<1e−6,程序代码如下:

程序:级数和求 sin 函数

```
sinx=0.0
x=float(input('请输入 x:'))
t=x
itemIndex=1
while(abs(t)>1e-6):
    sinx +=t
    itemIndex +=2
    t =-t * x*x/((itemIndex-1) * itemIndex))
print("sin(",x,")=",sinx)
```

程序中,由于计算累加和,所以首先令记录和值的变量 sin x=0,通过给记录当前项的变量 t 赋初值 x,并设定当前项的序号 itemIndex,推导出前项和后项的关系如下:

$$t_{n+1} = -t_n \times x \times x/((\text{itemIndex}-1) \times \text{itemIndex}))$$

程序运行结果如下:

```
请输入 x:1.5707
sin( 1.5707 )= 0.9999999391463782
```

3.2.3 应用实例——二分法求弱酸溶液 pH 值

以求解浓度为 c mol/L 的任意一元弱酸溶液 pH 值为例,该类溶液都可以根据弱酸的解离方程、水溶液质子平衡、水的离解常数等化学平衡知识,经过推导,将氢离子浓度 x 表达为如下方程:

$$x^3 + K_a x^2 - (K_a c + K_w)x - K_a K_w = 0$$

其中 K_a 是一元弱酸的电离常数,对给定的酸是固定值,K_w 是水的电离常数,值为 10^{-14}。

可见,基于化学理论的推导,化学问题可转换为一个数学问题。这是一个关于 x 的非线性方程,在两维空间中可以表达为一条曲线,而曲线与横轴的交点就是方程的根。

此类问题的求解，可参见图 3.2.1。由于 $f(x)$ 连续，如果找到两个点 a，b，使得 $f(a)\times f(b)<0$，则可以断定，函数在 $[a,b]$ 中必定存在一个根。在此基础上，如果找到一种办法，不断缩小这个区间，并且始终保持 $f(a)\times f(b)<0$，当 a 和 b 无限接近时，则认为找到了解。

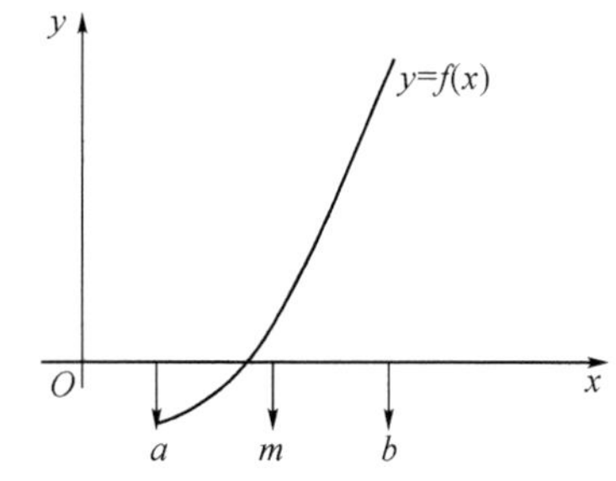

图 3.2.1　非线性方程的求解图示

快速缩小区间的一种办法是取 a、b 中点 m，判别 $f(m)$ 与 $f(a)$ 是否同号，若同号，则令 $a=m$，否则令 $b=m$，从而将区间缩小为原来的一半。将该过程一直进行下去即可求解，该方法被称为二分法。

程序：二分求醋酸浓度

【例 3.2.3】　已知醋酸的 K_a 为 $10^{-4.56}$，0.01 mol/L 的醋酸溶液的氢离子方程为：

$$x^3+10^{-4.56}x^2-(10^{-4.56}\times 0.01+10^{-14})x-10^{-4.56}\times 10^{-14}=0$$

求解算法可以描述为：

```
输入 a,b,直到满足 f(a)*f(b)<0
dowhile(abs(a-b)<1e-6)
取 m=(a+b)/2
如果 f(a)*f(m)>0
    a=m
否则
    b=m
enddo
```

上述算法转化为 Python 程序如下：

```
ka=10**(-4.56)
kw=1e-14
kakw=ka*kw
c=float(input('请输入醋酸浓度:'))
fa=1
fb=1
while(fa*fb>0):
    a=float(input('请输入左区间:'))
    b=float(input('请输入右区间:'))
    fa=a**3 + ka * a**2 -(ka * c + kw)*a-kakw
    fb=b**3 + ka * b**2 -(ka * c + kw)*b-kakw
while (abs(a-b)>1e-10):
    m=(a+b)/2
    fm=m**3 + ka * m**2 -(ka * c + kw)*m-kakw
```

```
    if (fa*fm>0):
        a=m
    else:
        b=m
print('氢离子浓度为:',a)
```

上述程序中,为 fa 和 fb 赋值 1,目的是让第一次循环成立。为了提高程序的可读性,代码书写遵循了原公式的表达,所以定义了 K_a,K_w,c 等变量。

但上述代码中,有一些地方让人感觉非常烦琐,它们就是计算 fa、fb 和 fm 的语句。至少,在中学代数方程的学习中,我们已经学过了约简的概念,程序中可以这么做吗?这里暂时留下这个悬念,留待“归纳与抽象”一节中解释。

程序的运行结果为:

```
请输入醋酸浓度:0.01
请输入左区间:1
请输入右区间:10
请输入左区间:0.001
请输入右区间:1
请输入左区间:0.000001
请输入右区间:1
氢离子浓度为: 0.000511216937082063
```

【例 3.2.4】 求任意高次方程的解

例 3.2.3 中提供的代码只能求解固定的高次方程的根。有没有可能编写一段通用代码,可以求解任意的高次方程的根?答案是肯定的,它就是借助 Python 的 eval 函数。程序如下:

程序:求任意高次方程的根

```
import math
print("请输入自变量为 x 的高次 Python 表达式!")
print("例如:x**5-4.7*x**4-3.7*x**3+1.8*x**2+23.8*x-120.4")
equ=input("equ=")
while True:
    a=float(input("input a:"))
    b=float(input("input b:"))
    x=a; fa = eval(equ)
    x=b; fb = eval(equ)
    if (fa*fb<0):
        break
while abs((b-a)/a)>1e-6:
    m=(a+b)/2
```

```
        x=m; fm = eval(equ)
        if fm * fb >0:
            b=m
        else:
            a=m
print(a)
```

思考题

1. 将 5 个学生的考试成绩，循环输入。根据成绩，将其转换为优、良、中、及格、不及格 5 级制输出。

2. 求等差序列 1，3，5，…，最大项不超过 2 000 的和，并输出。

3. 假设一个口袋里有红、绿、蓝 3 个小球，请用计算机模拟，验证每个小球抽取的概率为 1/3。

4. 编写程序，用牛顿迭代法求解高次方程的根(牛顿迭代法的原理，请自行查阅)。

5. 编写程序，从键盘上输入 3 个浮点数，用 if 语句找出其中的最大者并输出。

6. 编写程序，实现从键盘上输入 n 个数，计算表达式 $s = {x_1}^2 + {x_2}^2 + \cdots + {x_n}^2$。

7. 编写程序，用 eval 函数实现求解任意高次方程的根。

8. 编写程序求解 $e^x = 1 + x + \frac{x^2}{2!} + \frac{x^3}{3!} + \cdots + \frac{x^m}{m!}$，要求最后一项的绝对值$<10^{-6}$。

第四章

函数——归纳与抽象

在幼儿园的课堂上，幼儿经常玩搭积木的游戏，他们用不同形状的积木块：三角、球、长方体等，打造不同结构的"建筑物"。把这件事情映射到计算领域，其结论是，不同的程序员都会使用最基础的函数，如求平方根函数 sqrt、正弦函数 sin 等，但这些函数都不需要程序员另外编写，因为系统中都提供了。这是程序归纳抽象后为程序员提供的巨大的便利。

4.1 数学库 math

Python 的 math 库中提供了基础的数学运算函数。使用 math 库时，在程序的开头，增加如下语句：

```
import math
```

即可使用其提供的任何函数。

【例 4.1.1】 利用 math 库，计算 sin(*x*)的值并输出，程序代码如下：

```
import math
x=float(input('请输入 x:'))
y=math.sin(x)
print("sin(x)=",y)
```

请注意调用 sin 函数的语句为：math.sin。

math 库中提供的常见函数及常数见表 4.1。

表 4.1　math 库中的常见函数

函数或常数	含义	函数或常数	含义
pi	常数 π	sqrt(x)	求平方根
e	常数 e	sin(x)	正弦函数
exp(x)	e^x	cos(x)	余弦函数
log(x)	e 为底，自然对数	tan(x)	正切函数
log10(x)	10 为底，常数对数	asin(x)	反正弦函数
cell(x)	大于等于 x 的最小整数	acos(x)	反余弦函数
floor(x)	小于等于 x 的最大整数	atan(x)	反正切函数

4.2 创建函数

除了 Python 系统提供的函数外，用户也可定义自己的函数。

4.2.1 自定义函数

用户自定义函数的格式为：

```
def 函数名(参数表)：
    函数体
```

Python 仍然要求严格的书写格式定义函数，即函数体全部语句向右缩进。函数名是标识符，应该根据函数完成的任务定义。参数表有多个参数时，参数之间用逗号间隔。很多函数有返回值，此时，函数体中必定存在语句：return 表达式，用于返回函数的计算结果。对于没有返回值的函数，不必存在 return 语句，或只写简单的 return 即可。

程序：定义 sin 函数

【例 4.2.1】 将例 3.2.2 中的级数展开求解 sin(x)的代码变成一个函数，并调用。

sin 函数，接受外界传递进来的角度值 x，用级数展开式求得正弦值并返回，因此，函数定义为：

```
def sin(x)：
    sinx=0.0
    t=x
    itemIndex=1
    while(abs(t)>1e-6)：
        sinx +=t
        itemIndex +=2
        t =-t * x * x/((itemIndex-1) * itemIndex))
    return sinx
```

用户自定义函数的调用方式与标准函数的调用一样。调用例 4.2.1 定义的 sin 函数的代码如下：

```
x=float(input('请输入 x：'))
y=sin(x)
print("sin(x)=",y)
```

4.2.2 变量的生存周期

在一个程序段中可以使用某个变量，是因为程序可以“看得见”这个变量。问题是，现在又增加了函数的定义。在函数体内，也可以定义变量。如果函数体中与函数体外都

定义了变量 x，此时在不同的场合下，x 是指谁呢？这就是变量的生存周期、可访问性的问题。

【例 4.2.2】 变量的作用域。

```
def fun():
    x=100   # 函数体内定义的 x
    print(x)
x=1         # 主函数中定义的 x
fun()
print(x)
```

程序运行后，先输出 100，再输出 1。

我们看到执行的结果，两个 x 之间并不冲突。

对此，可以这样理解，fun 函数中的 x 是小范围中的变量，在 fun 中讨论 x 时，自然是指其内部的变量，给 x 赋值 100，并不影响函数外面 x 的值。到了 fun 之外，讨论的自然是外部的 x，这就是为什么 x 的值仍然为 1 的原因。

但如果真的需要在函数里使用全局的变量，该怎么处理呢？Python 提供了关键字 global 来提醒函数，函数里使用的变量是全局的。

【例 4.2.3】 函数中使用全局变量。

```
>>> def fun():
        global x
        x=x*100
>>> x=1
>>> fun()
>>> x
100
```

通过 global x 通知 fun 函数，它使用的 x 是在外面定义的。此时，执行 fun 函数的结果，函数将全局变量 x 的值变成了 100，说明 fun 确实将外部定义的 x 的值改变了。

4.3 递归函数

自然界中的很多问题，存在着逐步求解的过程。通过逐步缩小范围求解，如果还不能求解，则继续分解，这就是分而治之的思想。所谓函数递归，是指在函数体内有调用函数本身的语句。最经典的例子是 $n!$ 及 x^n 的求解。这类问题有一个共同的特征，就是后续的求解与前面的求解有一个递推关系。例如，上述的两个问题都可以表达为：

n！=n*(n−1)！

$x^n = x * x^{n-1}$

即,更大范围的结果需要其前一步的结果。

而这种递推最终是可以结束的,这就是 1! =1,$x^0=1$。

【例 4.2.4】 递归函数求 n! 的函数。

```
def factorial(n):
    if n==1:
        return 1
    else:
        return n * factorial(n-1)
```

调用函数为:

```
print(factorial(3))
```

上述的 factorial 函数中,有语句 return n * factorial(n-1),它调用了自身,故称递归。

4.4 函数应用案例

4.4.1 求解一元二次方程的根

【例 4.2.5】 一元二次方程需要 3 个参数,定义其求解函数。

程序:定义函数求一元二次方程的根

函数头可以定义为:def equation(a,b,c),程序代码如下:

```
import math
def queation(a,b,c):
    delta=b * b-4.0 * a * c
    if delta>=0:
        root1=(-b+math.sqrt(delta))/(2.0 * a)
        root2=(-b-math.sqrt(delta))/(2.0 * a)
        return root1,root2
    else:
        return "no root","no root"
```

由于函数有 2 个根,所以调用函数在进行序列解包时,"="的左端需要两个参数收集函数的返回值。但这么做,导致方程无根时返回不匹配,为了配合调用过程,所以方程无解时,采用了语句 return "no root","no root",即无根时也返回 2 个参数。

函数的调用程序为:

```
a=float(input('输入 a:'))
b=float(input('输入 b:'))
```

```
c=float(input('输入 c:'))
root1,root2=queation(a,b,c)
print("root1=",root1,",root2=" ,root2)
```

请注意解包语句：root1，root2＝queation(a，b，c)，它对应函数的 return 语句，在有根时，返回的是两个实数，无根时，返回 2 个字符串。

看看程序的运行结果：

```
输入 a:1
输入 b:4
输入 c:1
root1= -0.2679491924311228 root2= -3.732050807568877
```

再运行一遍：

```
输入 a:1
输入 b:1
输入 c:1
root1= no root, root2= no root
```

可见，无论方程是否有根，函数都实现了求解任务。

4.4.2　再求弱酸溶液 pH 值

继续讨论弱酸溶液 pH 问题，可以进一步理解函数抽象带来的益处。在 3.2 节使用循环求解非线性方程的根时，程序代码中使用了如下的语句：

```
fa=a* *3 + ka * a* *2 -(ka * c + kw)*a-kakw
fb=b* *3 + ka * b* *2 -(ka * c + kw)*b-kakw
    ......
fm=m* *3 + ka * m* *2 -(ka * c + kw)*m-kakw
```

这种程序带来的后果是：同样的语句写很多遍，造成信息过度分散。三个公式极度相似，公式表达式过于复杂，稍不小心，就会出错；一旦公式写错，则需要三处修改。造成这种后果的根本原因，在于没有对问题进行合理的抽象和约简。

【例 4.2.6】　定义函数求解醋酸的 pH 值。

程度的代码如下

程序：二分求醋酸浓度-函数化

```
def fx(x,c):
    ka=10* *(-4.56)
    kw=1e-14
    kakw=ka*kw
    f=x* *3 + ka * x* *2 -(ka * c + kw)*x-kakw
```

```
        return f

    fa=1
    fb=1
    c=float(input('请输入醋酸浓度:'))
    while(fa * fb>0):
        a=float(input('请输入左区间:'))
        b=float(input('请输入右区间:'))
        fa=fx(a,c)
        fb=fx(b,c)
    while (abs(a-b)>1e-10):
        m=(a+b)/2
        fm=fx(m,c)
        if (fa * fm>0):
            a=m
        else:
            b=m
    print ('氢离子浓度为:',a)
```

将计算函数值的代码抽象到一个函数中,后续对区间端点及中间位置函数值的计算,程序就更加容易实现。通过该案例代码与其前期代码的比较,读者可以体会"抽象"带来的优势。

4.4.3 遗传算法寻找函数极值

遗传算法模拟生物进化中的遗传与变异过程实现对问题求解,可以用来求解函数的最优解。如对于函数 $y=(x-2.5)^2$,在 $x=2.5$ 时,y 的值是 0,是最优点。遗传算法通过变异操作求解函数最优的过程为:

① 针对给定的一个初值 x_0,计算 y_0。

② 产生一个随机小数 delta,并再产生一个随机整数 sign,如果 sign 是偶数,则 x_0 增加 delta,否则 x_0 减少 delta,x_0 值增加或减少后,记录到 x_1 中。

③ 计算 x_1 的函数值 y_1,如果 y_1 比 y_0 小,则说明 x_1 比 x_0 优秀,保留它,再转步骤②,通过优化的次数决定最终的结果。

【例 4.2.7】 用遗传算法优化求解 $y=(x-2.5)^2$ 的极小值。

按上面所述逻辑,求解过程的 Python 代码如下:

程序:遗传算法函数优化

```
import random
def fx(x):
    f=(x-2.5) * (x-2.5)
    return f
```

```
x0=float(input("请输入起始值:"))
y0=fx(x0)
count=0
while count<10:
    sign=random.randint(1,10)
    delta=random.random()/10.0   # 使得自变量的值变化的小一点,避免跳跃
    if sign % 2 ==0:
        x1=x0+delta
    else:
        x1=x0-delta
    y1=fx(x1)
    if y1<y0:
        x0=x1
        y0=y1
    print("第",count,"次迭代,","x=",x0,"   y=",y0)
    count +=1
```

运行程序,迭代10次,得到的结果如下所示:

```
请输入起始值:2.0
第 0 次迭代, x= 2.0    y= 0.25
第 1 次迭代, x= 2.0    y= 0.25
第 2 次迭代, x= 2.0055347791796505    y= 0.244495854600917
……
第 7 次迭代, x= 2.230941146655998    y= 0.07239266656278913
```

可见,随着迭代次数的增加,x 逐步向2.5靠近。读者可以将迭代次数增加到1 000次,再运行程序,看是否能找到最优点。

思考题

1. 编写二分法求解高次方程根的函数,函数的参数为:高次方程函数、初值 a、b,及求解精度。

2. 用递归函数,实现任意给定字符串的逆序。

3. 编写函数,实现数字字符串向整数的转换。

4. 定义一元二次方程的求解函数,在给定 a,b,c 时,返回方程的2个根。

5. 给定函数 $y=x^2+\sin(x)$,用遗传算法优化,求取函数的极小值。

第五章

类——更高层次的抽象

前面提到通过函数提高程序的抽象程度，可以大大提高程序的稳定性、易维护性和可阅读性。但在第一章"约简与结构化设计"一节中也提到，这种程序设计方式是面向过程的。这和我们生活的客观世界不符！客观事物总是属性（事物的数据）与行为（动作）的完整结合体，所以，转向面向对象的分析和设计方法是必然的趋势。

5.1 类分析

世间万物皆为对象，这是面向对象程序分析及设计的出发点，也和人类对世界的认识统一。世界上的各种对象可以分成不同的类别，例如人类、树木、猫科动物、飞机等。每种类别的对象都有自己的属性（数据）和行为（函数）。类分析指的是，在求解问题域内，存在多少种独立的对象类别及它们之间的联系，对每种类别，问题域关心它哪些属性。举一个网上购物的例子，登录网上商城后，可以看到各种类别的商品，将需要购买的商品加入购物车，最后去结算。在这样一个问题域中，有客户、商铺、商品、购物车、购买记录。每个对象有多种属性，例如客户，应该是一个人。人的属性很多，包括姓名、性别、年龄、联系方式、身高、体重、父母、孩子、职业、学历、诚信度……，数不胜数，可这个人作为一个网上购买商品的客户，我们并不关心他的身高、体重、父母、孩子。这就说明，针对不同的问题域，同一个对象，被关注的属性是不一样的。

类和对象是有区别的，对象是类中一个具体化的个体，术语中称为实例化。一个对象有明确的属性值，但类的属性值不具体。例如，著名篮球运动员"姚明"身高为 2.26 米，我们不能说人的身高是 2.26 米。

5.2 类定义及对象

Python 中类定义的格式为：

```
class 类名：
    def  __init__(self,参数 1,…,参数 n)
```

属性定义并赋值(属性定义中,以_开头的变量是私有的,类外不能访问):

```
self.属性名=值
def  行为 1(self,形参表):
    行为逻辑
def 行为 n(self, 形参表):
    行为逻辑
```

定义格式中,class 为关键字。属性定义中,请记住给每个属性赋值。__init__是类的构造函数,生产类的对象时,系统自动调用此函数。注意 init 前、后各有两个下划线。self 是关键字,指的是当前生成的对象本身。请切记,类外调用类的任何方法,其 self 属性都忽略不计。

【例 5.2.1】 设计圆类,可以求圆的面积。

圆是最简单的对象,该类对象只有一个简单的属性:半径。设我们只需要该类对象返回面积,则它将只有一个方法:计算圆的面积。因此可以设计"圆"类如下:

程序:圆类的定义及调用

```
class Circle:
    r=0
    def __init__(self,r):
        self.r=r        # 对象实例化时,从外界传递 r,确定圆的半径
    def getArea(self): # 计算圆的面积时,需要使用自身的半径,所以加 self
        return 3.14 * self.r * self.r
```

在__init__函数中,语句 self.r=r,将外界传递的 r 作为圆的半径,从而将圆固定,即实例化。self.r 读作这个圆的半径,即当前生成的圆的半径。而 r 则是指()中的 r,是调用程序传递进来的参数。

类定义完毕后,生成类的一个对象的格式为:

```
对象名=类名(参数)
```

(参数)对应的是__init__ 中的参数,忽略 self 参数。因此,定义一个半径为 2 的 Circle 对象的程序语句为:

```
c = Circle(2)
```

此时,c 就是一个半径为 2 的圆。

在调用对象的行为时,self 也请忽略。见下面语句:

```
print(c.getArea())
```

通过上面的例句,可以总结对象的生成和对象方法、属性的调用格式为:

```
对象=类名(参数)
对象.行为(参数)
```

对象.属性

5.3 对象引用

具体讲对象引用的概念前，先来看一个实例：

```
i=10
j=i
i=100
```

此时，如果问 j 的值是多少？我们可以不假思索地回答：$j=10$。事实也确实如此。但将该问题稍加扩展，利用例 5.2.1 定义的 Circle 类，进行如下的操作：

```
c1=Circle(1)
print("c1 的半径=",c1.r)
c2=c1
c2.r=2
print("c1 的半径=",c1.r)
print("c2 的半径=",c2.r)
```

程序的运行结果：

```
c1 的半径= 1
c1 的半径= 2
c2 的半径= 2
```

发现，$c2$ 属性的变化，导致 $c1$ 的属性也变化。

如果将上面的语句稍加修改：

```
c1=Circle(1)
print("c1 的半径=",c1.r)
c2=c1                        # c2、c1 同一个地址
c1=Circle(3)                 # 为 c1 重新分配地址
print("c1 的半径=",c1.r)
print("c2 的半径=",c2.r)
```

则会发现 c_2 的半径是 1，而 c_1 的半径变成了 3。

这是因为对“复杂”变量而言，计算机采用记录“内存起始地址”的方式。当 c2=c1 时，c1，c2 指向同一段地址，所以 c2 的属性值就是 c1 的属性值，但当执行 c1=Circle(3)后，系统为 c1 重新分配了地址，所以此时又不影响 c2 的属性。

5.4　类的继承

类继承指在原有类的基础上，设计新类，新类自动继承父类的可被继承的属性和方法。

圆柱体是在底面圆的基础上纵向生长而成，圆柱体体积的计算需要先计算圆的面积，因此，圆柱体继承自基础的圆。

视频讲解：
类分析与设计

Python 中，类继承的语法格式如下：

```
class 子类名(父类)：
    子类构造函数
    子类的其他方法
```

在子类的构造函数中，要有调用父类构造函数的语句，格式为：

```
父类名.__init__(self, …….)
```

【例 5.4.1】 继承圆类，设计圆柱体类，它可以返回体积及底部圆的面积。

遵循上述语法说明，圆柱体类继承圆类后，则自动拥有了计算其底层圆面积的功能，但要计算体积，还需增加自己的计算函数。

程序：
类及继承代码

由此定义圆柱体类如下：

```
class Cylinder(Circle):        # 继承 Circle
    def __init__(self,r,h):
        Circle.__init__(self,r)   # 初始化父类
        self.h=h
    def volume(self):
        v=self.area() * self.h   #继承父类方法 area
        return v
```

对圆柱体类调用的代码如下：

```
cy=Cylinder(2.3,3)
print('圆柱底盘面积:',cy.area())
print('圆柱体积:',cy.volume())
```

上述调用 Cylinder 类的代码，cy.area()是继承自父类的方法，Cylinder 类中无需定义，volume 则是 Cylinder 类自己定义的方法。

思考题

1. 定义二维空间中的一个点的类 Point，其属性包括坐标(x, y)，方法包括计算它与其他点的距离 distance 以及根据给定的纵、横方向的位移，移动到新的位置的函数 move(deltax, deltay)。

2. 溶液中的悬浮微颗粒，受到分子撞击的不均衡而产生布朗运动。设颗粒只悬浮于表面，颗粒运动限制在两维平面。请用题 1 建立的 Point 类，采用 random 模块，循环 3 000 次模拟，每次随机挑选一个点，每次微粒在纵横的位移距离在 0～0.1，可正可负。请输出最后微粒的位置。

3. 请继承点的定义，重写圆的定义，可以计算其离开原点的距离，求圆的面积。

4. 定义一元二次方程的类，其属性为 a，b，c，求根方法为 getRoot()，以列表的形式返回两个根，若无实数根，则返回空列表。

第六章

数据结构

前述章节的程序中，都是对简单变量进行操作。如果继续围绕着单值变量(也被称为标量)进行计算求解，就很难解决复杂问题。例如，现代环境科学中的污染测量、建筑物钢结构承重应力计算，生物蛋白质功能预测，都涉及大量数据，而现代基于互联网的数据检索，更涉及到海量数据。因此，必须寻求更完善的数据表达、存储和处理方式。这就是本节讨论的重点内容：数据结构。

6.1 序列：列表与元组

列表是一种顺序数据序列，该序列中每个位置上可以存储任意类型的元素。Python 为列表赋予了非常强大的功能，是处理数据的利器。元组与列表几乎相同，只是 Python 规定，元组中的数据是不可更改的，且列表用[]，元组用()表示。在绝大多数情况下，元组能完成的任务用列表也能完成。但使用元组系统的消耗低，所以元组也称轻量级的列表。

6.1.1 列表与元组定义

将任意数据，用逗号间隔，放进[]中，并将其赋值给一个变量，即可形成一个列表，如：

```
>>> stephen=["Stephen",36]
```

上面语句，用列表表示一个人的信息，Stephen，年龄 36 岁。

列表的每个元素还可是一个列表，如：

```
>>> stephen=["Stephen",36]
>>> john=["John",26]
>>> database=[stephen,john]
```

元组的定义采用()，例如：

```
>>> stephen1=("Stephen",36)
```

6.1.2 通用序列操作

“通用”指的是，这些操作对列表和元组是一致的。这些操作包括索引、分片、序列相加、乘法运算。

视频讲解：
列表基础

1. 元素索引

序列的索引帮助我们获得序列中某个元素的值，通过“序列[索引]”的方式进行，索引值左侧从 0 开始，右侧则从 −1 开始。由于元组的值不可更改，所以对元组而言，元组名[索引]不可出现在赋值符的左侧，例如下面的测试：

```
>>> L=[1,2,3,4,5]
>>> L[1]=-10
```

L 的值为

```
[1, -10, 3, 4, 5]
```

再如元组：

```
>>> L1=(1,2,3,4,5,6)
>>> L1[-1]
6
>>> L1[1]=-10
Traceback (most recent call last):
  File "<pyshell#18>", line 1, in <module>
    L1[1]=-10
TypeError: 'tuple' object does not support item assignment
```

2. 分片

视频讲解：
列表分片

分片是指将序列中一定范围内的数据取出来，通过冒号间隔的两个索引实现，格式为：

```
列表(或元组)[下限:上限:步长]
```

下限、上限、步长都可省略，下限省略取 0，上限省略到最后，步长省略取 1。

列表分片的结果是列表，元组分片的结果是元组。见下面的测试：

```
>>> L=[1,2,3,4,5,6,7,8,9,10]
>>> L[3:6]
[4, 5, 6]
```

L 下标为 6 的元素是 7，但 L[3:6]得到的结果是[4, 5, 6]，并不包含值为 7 的元素。所以，分片操作时，分片的左右区间为：左闭区间，右开区间。

也可以指定步长，例如：

```
>>> L[1:8:3]
>>> [2, 5, 8]
```

L 的长度为 10，最后一个元素的位置为 9，如果想将最后的 3 个元素分片取出来，该怎么办？

```
>>> L[7:12]
[8, 9, 10]
```

上面的测试证明，在列表的分片中，右侧下标值允许超越列表最大下标值。

分片可以采用负数，见下例：

```
>>> L[-3:-1]
[8, 9]
```

上述的分片操作对元组也是通用的，只是元组的分片结果，仍然是一个元组。

3. 序列相加

+操作可用于列表和元组，操作的实质是将两个表首尾相连。序列相加时，必须是相同的序列，不允许将列表和元组相加。

例如：

```
>>> L1=[1,2,3,4]
>>> L2=[5,6,7,8]
>>> L=L1+L2
>>> L
[1, 2, 3, 4, 5, 6, 7, 8]
```

4. 乘法

序列的乘法是序列与一个整数相乘，结果是序列被重复 n 次。例如：

```
>>> L=["Edward","Stephen", "John"]
>>> 2*L
['Edward', 'Stephen', 'John', 'Edward', 'Stephen', 'John']
```

上述操作对元组也有效，读者可以自行尝试。

5. 成员资格

成员资格经常用来判别某个元素是不是存在于列表中，其运算符为 in。如：

视频讲解：
列表对象

```
>>> L=["Edward","Stephen", "John"]
>>> name="Stephen"
>>> name in L
True
```

6. 序列长度、最大、最小值、和值

Python 的内建函数 len、min、max、sum 可分别用来返回序列的长度（元素个数）、最小值、最大值及总和（适用于数值列表）。见下面的例子：

视频讲解：
列表应用例
子—统计计算

```
>>> L=[10,-20.0,108,20,41]
>>> len(L)
5
>>> min(L)
-20.0
>>> max(L)
108
>>> sum(L)
159.0
```

6.1.3 列表操作

因为列表是可修改的，所以，与元组相比，列表还有很多自己独特的处理方法，下面分别简单介绍。

1. 删除元素

使用 del 语句，可以从列表中删除指定位置的元素：

```
>>> L=[10, -20.0, 108, 20, 41]
>>> del L[2]
>>> L
[10, -20.0, 20, 41]
```

因元组不可变更，所以上述操作对元组失败，程序将报错。

2. 分片赋值

分片赋值功能强大，可以实现将一组数据插入、替换到列表中。例如：

```
>>> L=[10, -20.0, 20, 41]
>>> L[2:2]=[3,3,3,3]
>>> L
[10, -20.0, 3, 3, 3, 3, 20, 41]
```

再如：

```
>>> L=[10,-20.0,108,20,41]
>>> L[2:4]=[-1,-1,-1]
>>> L
[10, -20.0, -1, -1, -1, 41]
```

上面的语句，将 2：4 的分片变成了新的分片，数值 108 和 20 分别被新的列表替换。

将列表的分片赋值一个空表，可将指定的元素删除，见下面的例子：

```
>>> L=[10, -20.0, 108, 20, 41]
>>> L[2:3]=[]
>>> L
[10, -20.0, 20, 41]
```

6.1.4 列表方法

Python 中，列表是一个对象，调用列表对象的方法采用的格式如下：

列表.方法(参数)

视频讲解：列表对象方法

列表最常用的方法包括：

1. 追加 append

append 方法在列表的最后追加一个新元素。

【例 6.1.1】 已知斐波那契数列的前两个数值为 0,1，计算其前 10 项。程序如下：

```
fib=[0,1]
for i in range(2,10):
    fib.append(fib[i-1]+fib[i-2])
print (fib)
```

程序运行结果为：

```
[0, 1, 1, 2, 3, 5, 8, 13, 21, 34]
```

2. 逆转 reverse

reverse 方法将列表逆转，例如：

```
>>> L=[1,2,3]
>>> L.reverse ()
>>> L
[3, 2, 1]
```

3. 排序 sort

由简单元素组成的列表，可以直接使用 sort 方法进行排序，例如：

```
>>> L=[10,-10.2,88,0.1,3]
>>> L.sort()
>>> L
[-10.2, 0.1, 3, 10, 88]
```

再如：

```
>>> L=['Edward','Stephen','Foo']
>>> L.sort()
>>> L
['Edward', 'Foo', 'Stephen']
```

上面例子验证了 sort 默认采用从小到大的顺序，实际上，sort 方法还提供了 reverse 关键字，帮助程序员实现逆序排序。例如：

```
>>> L=[10,-10.2,88,0.1,3]
>>> L.sort(reverse=True)
>>> L
[88, 10, 3, 0.1, -10.2]
```

6.1.5 对象列表与 lambda 表达式

程序：
学生列表对象

当列表中的元素为对象时，称为对象列表，例如有 Student 类：

```
class Student:
    def __init__(self, no, name, math, phy, compu):
        self.no = no
        self.name=name
        self.math=math
        self.phy=phy
        self.compu=compu
        self.tot = math+phy+compu
        self.avg = self.tot/3.0
```

视频讲解：
对象列表排序

这是一个选取了学号、姓名及数学、物理、计算机三门课程成绩、总分及平均值属性的学生类，设形成了如下的列表：

```
s1=Student('1200001','王强',100,70,90)
s2=Student('1200003','张强',81,78,76)
s3=Student('1200002','丛锐',87,90,92)
L=[s1,s2,s3]
```

注意此时 L 的排序就会有多种选择！可以选择学号，可以选姓名，也可以选择任意一门成绩，这样的一些需求，应该如何实现？

Python 通过在列表的 sort 方法中使用关键字 key 配合 lambda 表达式来实现，其格式为：

视频讲解：
对象列表基础

```
key=lambda 对象:对象.属性
```

例如，对上述学生组成的列表 L，要使用学生的总成绩，按逆序的方式排序，则程序语句为：

```
>>> L.sort(key=lambda obj:obj.tot, reverse=True)
```

上述语句中，lambda 为关键字，obj 是列表中的一个对象，obj.tot 意思是采用对象的 tot 属性进行排序。请注意，lambda 后面的对象名字符合标识符的定义即可。例如，也可以用 student。

视频讲解：对象列表例子——数据分拣

```
>>> L.sort(key=lambda student:student.tot, reverse=True)
```

6.1.6　列表遍历

列表是元素的序列，操作中不可避免地需要对列表进行遍历。例如，如果列表是 n 个实数组成的，将其想象为 n 维空间中的点，该点与原点之间的距离，就是列表每个元素的平方和再开方，这就需要对列表中的每个元素进行遍历。

对列表的遍历，一般采用如下两种方式：

① 用 len 函数取得列表的长度，再结合 range 函数进行。例如：

```
>>> L=[1.0,2,3,4,5]
>>> for i in range(len(L)):
        print(L[i],"\t",end="")

1.0   2   3   4   5
```

② 直接用 in 运算符完成，例如：

```
>>> for item in L:
  print(item,"\t",end='')

1.0   2   3   4   5
```

列表还支持列表推导式。例如，假设 L1=[1,2,3]，L2=[4,5,6]是三维空间中的 2 个点，求该 2 点的距离，可以通过列表推导式完成，如下面的方法实现：

```
>>> import math
>>> L1=[1,2,3]
>>> L2=[4,5,6]
>>> temp=[(L1[i]-L2[i])**2 for i in range(len(L1))]
>>> math.sqrt(sum(temp))

5.196152422706632
```

表达式 [(L1[i]−L2[i])**2 for i in range(len(L1))]就是列表推导式，其含义为：形成的新列表的每项为(L1[i]−L2[i])**2。

6.2 字符串

把字符串单独罗列，是因为它与数值计算有区别，同时它又很重要、很特别。例如，科学试验数据一般以文本的形式存放于文件中。当用程序读这种文件时，计算机以字符串的形式读入内存，为实施计算，必须对读入的字符串进行处理。

6.2.1 字符串序列操作

Python 中，字符串也属于序列。因此，前述的有关序列分片和索引，“+”“*”运算等，对字符串也有效。

但字符串不支持对串内元素的改变，这点它类似元组，例如：

```
>>> seq[3:10] = 'ASD'
Traceback (most recent call last):
  File "<pyshell#48>", line 1, in <module>
    seq[3:10] = 'ASD'
TypeError: 'str' object does not support item assignment
```

6.2.2 字符串对象方法

字符串是对象，其常见方法如下：

1. split 分割字串

split 的格式为：

split(分割串)

其作用为，根据串中的“分割串”将字符串分割为字符串的列表。如可以用如下的语句组将一行字符串格式的数据转化为可数值计算的数据：

```
>>> line="123.0 80 12.3 91"
>>> temp=line.split(" ")
>>> temp
['123.0', '80', '12.3', '91']
>>> data=[float(item) for item in temp]
>>> data
[123.0, 80.0, 12.3, 91.0]
```

split()方法也可以不跟参数，此时默认以空格和 tab 为分隔符。

2. replace

replace 的调用格式为：

replace(old,new)

其意义为，将字符串中出现的原串 old，替换为新的字串 new。由于字符串运算不允许给串中的单个元素赋值或分片赋值，因此 replace 方法可以代替实现该功能。这在比对两个字符串的相似度运算中非常有用，例如比对两条蛋白的相似度时，有时需要对一个字符串的某个位置插入一些空格，使某些单元独立出来。见下面的例子：

```
>>> seq='MAGQAFRKFLPL'
>>> seq.replace('RKF',' RKF ')
```

结果为：

```
'MAGQAF RKF LPL'
```

3. startswith

startswith 的调用格式为：

startswith(子串)

其意义为，字符串是否以“子串”开始。

例如：

```
>>> s="When I was young I'd listen to the radio"
>>> s.startswith ("When")
True
```

startswith 方法在实际字符串分析中常用于寻找标志位置。例如，世界著名的蛋白质序列比对程序 PSI-BLAST，将蛋白序列比对结果写进一个文本文件中，等待用户自行对比对结果进行分析。图 6.2.1 是某条未知蛋白序列与一组给定蛋白的比对结果文件。

通常，我们需要从该文件中自动分析出未知蛋白与每条比对上的蛋白的结果，例如图 6.2.1中，遇到“>”开头的行，是一条与未知蛋白比对上的蛋白的 ID，其后的两行则是比对的分值，它以“Score”开头。通过“>”和“Score”标识，就可以得到相应的行，这就需要 startswith 函数。

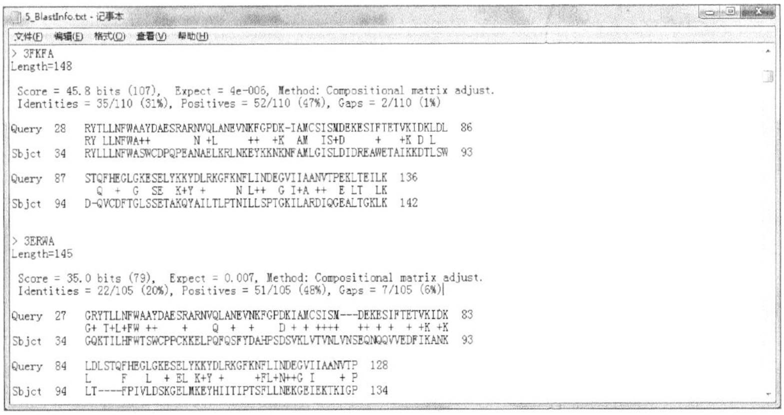

图 6.2.1 蛋白质序列比对程序 PSI-BLAST 的比对结果文件

图 6.2.2 字符串对象的方法

字符串对象还有很多方法，在编辑环境中，在字符串变量的后面输入“.”后，会自动弹出字符串对象的所有方法，见图 6.2.2。

有兴趣的读者可以查阅相关的资料，测试相应方法的作用，以加深对类方法的理解。

6.3 序列内建函数

为进一步增强列表的功能，Python 还提供了针对列表处理的函数，这里重点讲解一下 list、map 和 filter 函数。

视频讲解：
列表内置函数

1. list 函数

list 函数用于将可转化为列表的对象转化为列表，如将一个字符串转换为一个字符列表：

```
>>> s='Tongji University'
>>> li=list(s)
>>> li
['T', 'o', 'n', 'g', 'j', 'i', ' ', 'U', 'n', 'i', 'v', 'e', 'r', 's', 'i', 't', 'y']
```

2. map 函数

map 函数用于将列表中的每个元素统一用某一函数处理。例如，一个数字组成的字符串列表中的每个元素都转换为一个浮点数，或者反之，就可以使用 map 函数，通常将其与 list 函数一起使用。例如：

```
>>> data=['1.0','2.0','3']
>>> t=map(float,data)
>>> lastData=list(t)
>>> lastData
[1.0, 2.0, 3.0]
```

上述代码中的 float 代表函数 float()。实质上，map 函数支持任何系统提供的函数或用户自己定义的函数。

3. filter 函数

filter 函数可以用于过滤列表，使得新生成的列表只包含原列表中符合某些条件的值。例如：

```
>>> def even(x):
        return x % 2 ==0
>>> temp=filter(even,range(10))
>>> list(temp)
[0, 2, 4, 6, 8]
```

6.4 字典

字典(dict)是按键-值对存储的一种数据结构,可以按键读取其对应的数据。字典与列表有所不同,列表中的对象是有序的,但字典中的对象是无序的。字典以{}定义,如下面的例子:

```
>>> d={'Name' : 'laozhu', 'sex':'男','Country':'China', 'Age':'52','Title':'professor'}
>>> type(d)
<class 'dict'>
```

说明 d 的类型是字典。

```
>>> print(d['Name'], d['Title'])
laozhu professor
>>> d.keys()
dict_keys(['Age', 'Country', 'Name', 'sex', 'Title'])
>>> d.values()
dict_values(['52', 'China', 'laozhu', '男', 'professor'])
>>> d.items()
dict_ items ([('Age', '52'), ('Country', 'China'), ('Name', 'laozhu'), ('sex', '男'), ('Title', 'professor')])
>>> for item in d.items():
        print(item)

('Age', '52')
('Country', 'China')
('Name', 'laozhu')
('sex', '男')
('Title', 'professor')
```

上述代码,首先定义了字典 d,从其形式上看,字典中的元素(键/值对)组成中,键和值之间用冒号间隔,不同的元素之间用逗号间隔。

在定义了字典后,代码采用交互式的方式,描述字典对象每个方法的作用,从每行代码的执行结果,比较容易理解字典对象各方法的作用。例如,可以用:字典对象[键]的形式,查找键对应的值。

d.keys()返回字典中所拥有的键;d.items()可返回字典的所有表项等。

6.5 案例

6.5.1 信号平滑滤波

程序：数据平滑

一组实验数据测量完成后，某些测量数据点上可能会存在一些偶然误差。为去掉这些偶然误差，经常采用平均值滤波法。其操作是：从得到的 n 个实验点的第一个开始，取 m 个点，求取这 m 个点的平均值，存储到一个列表中，然后后移一位，再取 m 个点求平均值并追加到结果列表中，最终得到的列表就是平滑后的结果。例如一组实验点为：

[13，15，16，17，19，21，21.3 ，21.1，19.1，17.2，16，15.6，14.3]

取 3 点平滑，则操作分别为取下列分片的平均值：

[13，15，16]，[15，16，17]，[16，17，19]，[17，19，21]，…

最终形成的序列会比原来的序列少 $m-1$ 个数据。设数据现在已存储于 data 列表中，设平滑点数为 $m=3$，请编程求解平均值滤波的结果。程序代码如下：

```
data=[13, 15, 16, 17, 19, 21, 21.3 , 21.1, 19.1, 17.2, 16, 15.6, 14.3]
m=3   # 平滑点数
result=[]
for k in range(len(data)-(m-1)):
    segment=data[k:m+k]
    onePoint=sum(segment)/m
    result.append(onePoint)
print(result)
```

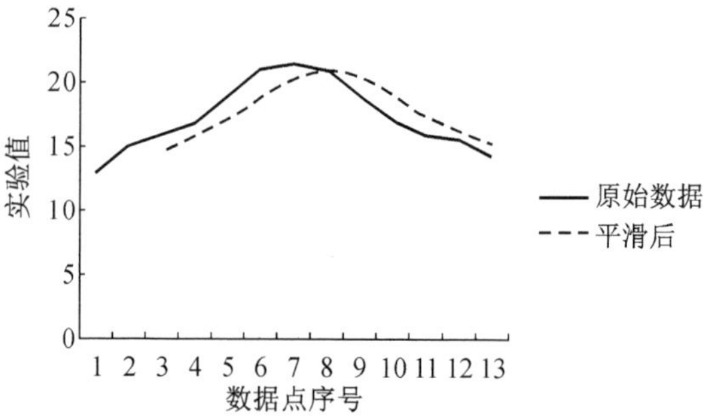

图 6.5.1 数据平滑前后的效果

原始数据与平滑后的数据在 Excel 制作折线图的结果如图 6.5.1。

可见，平滑后的结果曲线上，一些尖锐位置得到了很好的平滑。

6.5.2 K 最近邻(KNN)算法

视频讲解：列表例子 KNN 算法

程序：KNN 算法

模式识别是一种应用范围很广的问题研究方法。它有一个分支，称为统计模式识别，即基于统计学，如平均值、方差等统计量，将不同的对象分到不同的类属中，达到分类的目的。在该分支中，有一种被普遍使用且很直观、易理解的方法：K 最近邻(K Nearest Neighbor，KNN)。其原理如下：

设在空间中，已经存在一些已知分类的样本点，如图 6.5.2 中的小正方形和小三角形，因为这是一个两类问题，所以可将其类别值分别定义为+1 和−1。现在有一未知样本点，见图 6.5.2 中的小圆点，问它应该属于哪一类？

KNN 的求解步骤为：计算未知样本与所有已知样本的距离，并将其从小到大的顺序排列，挑选其中最小的 K 个，让这 K 个样本对新样本进行投票表决：

$$result = \sum_{i=1}^{k} v_i / distance_i$$

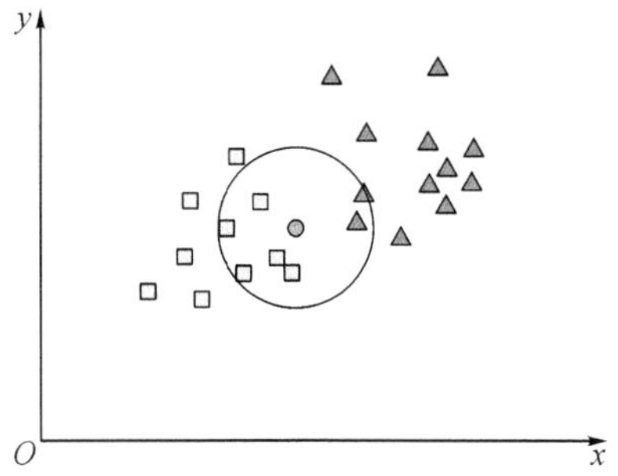

图 6.5.2 KNN 原理图

上式中，$distance_i$ 代表新样本与挑选出来的第 i 个样本之间的距离，如果样本 i 属于第一类，则 $v_i=1$，否则 $v_i=-1$；

如果 $result>0$，则新样本归为第一类，否则归为第二类。

KNN 算法非常简单，其依据的原理，仍然是统计模式识别的基本概念，那就是物以类聚。离未知样本最近的样本，是对未知样本最了解的，所以投票权值就大。

从图 6.5.2 中可以看出，在距离未知样本（圆点）最近的 7 个样本中，第一类有 5 个样本（方框），第二类有 2 个样本（三角）对未知样本进行投票，投票的结果决定未知样本属于第一类。

KNN 算法的原理解释完毕后，在实现算法之前，先对问题域中的类进行分析如下：

（1）首先，空间中的每个点属于一类对象。设我们是在 n 维实数域中求解该问题，则每个点的坐标由 n 个实数组成，这是“点”类对象的属性。同时为实现模式分类，“点”类还有一个属性，就是其类别。对已知样本而言，它是已知的，对未知样本而言，它是待求解的属性。根据问题域的定义，“点”还有一个行为，计算它与其他点的距离。

（2）空间中的 n 个点，可以使用序列对象，序列中的每个元素就是一个“点”类对象。

（3）因为需要对求得的 n 个距离从小到大排序，且不能搞乱样本编号，因为投票表决时除了距离，还需要样本的分类值，即距离和样本的分类值是绑定在一起的。而通过为“点”对象再设定一个距离属性，就可将此问题解决好。

故此，先将类定义如下：

```
import math
class Point:
    def __init__(self,coordinate,sampleClass):
        self.coordinate=coordinate        # coordinate 是一个列表,是一个 n 维空间点的坐标
        self.sampleClass=sampleClass # 样本的类别,取 +1 或 -1
    def getDistance(self,otherPoint):    # 计算该点与 otherPoint 之间的距离的方法
        diff = [self.coordinate[i]- otherPoint.coordinate[i] for i in range(len(self.coordinate))]
        temp = [item * item for item in diff]
        result = math.sqrt(sum(temp))
```

```
        self.distance=result
```

Point 类中，每个点的坐标用一个列表 coordinate 表示。

设已知空间中的 8 个点分成两类（菱形 1，方框－1），及未知分类的一个点（三角型），如图 6.5.3 所示。

现在，在 Point 类的支持下，KNN 算法判别未知点的分类程序如下：

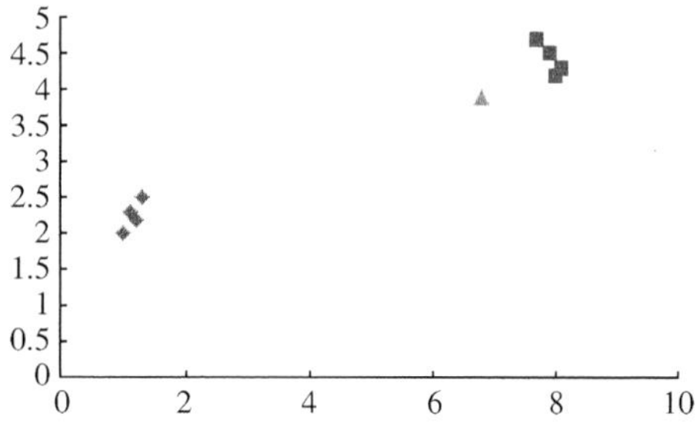

图 6.5.3　已知分类的 8 个点及未知点在空间的分布

```
# 1类样本点的定义(点的位置及类别)
p1=Point([1.0,2.0],1)
p2=Point([1.1,2.3],1)
p3=Point([1.3,2.5],1)
p4=Point([1.2,2.2],1)
# -1 类样本点的定义
p5=Point([8.0,4.2],-1)
p6=Point([7.7,4.7],-1)
p7=Point([8.1,4.3],-1)
p8=Point([7.9,4.5],-1)
X=[p1,p2,p3,p4,p5,p6,p7,p8]          # 8个已知点形成列表
px1=Point([6.8,3.9],0)               # 定义两个未知样本
px2=Point([1.8,1.9],0)
unknowAll=[px1,px2]                  # 未知分类样本列表
for unknow in unknowAll:             # 对每个样本进行分类
    for point in X:                  # 对每个已知样本点
        point.getDistance(unknow)    # 求已知样本点与未知样本点的距离
    X.sort(key=lambda o:o.distance)  # 将所有距离对象按距离从小到大排序
    k=5                              # 假设投票样本为5个
    result=[X[i].sampleClass/X[i].distance for i in range(k)]
    result=sum(result)               # 计算投票结果
    if result>0:
        unknow.sampleClass =1
    else:
        unknow.sampleClass =-1       # 对未知样本分类
    print(unknow.sampleClass)        # 打印未知样本的预测分类
```

程序的运行结果为：

```
-1
1
```

上例主要是让学习者了解，对于给定的问题，如何根据求解要求(求解域)对类进行分析，通过抽象，将问题求解方法归纳到类中，利用对象形成的列表，并充分利用列表带来的优势，编写出符合人类行为理解方式的程序。

思考题

1. 给定一个浮点数列表，找出其最大值、最小值、总和及平均值。将其从小到大排序，用递归方法编写二分查找法函数，调用它找出任意指定的数。

2. 给定一组数字组成的字符串的列表，请你调用 map 函数等，将其转换为一个浮点数的列表。

3. 调用 random 模块的 randint 方法，生成由 30 个整数组成的、数值在 100 以内的整数列表。输出该整数列表，然后将其从小到大排序并输出。再获取第 10 到 20 位值元素的值，并形成新的列表输出。

4. 给定一条蛋白质氨基酸序列如下：

MKTAYIAKQRQISFVKSHFSRQLEERLGLIEVQAPILSRVGDGTQDNLSGAEKA
VQVKVKALPDAQFEVVHSLAKWKRQTLGQHDFSAGEGLYTHMKALRPDEDR
LSPLHSVYVDQWDWERVMGDGERQFSTLKSTVEAIWAGIKATEAAVSEEFGL
APFLPDQIHFVHSQELLSRYPDLDAKGRERAIAKDLGAVFLVGIGGKLSDGHRH
DVRAPDYDDWSTPSELGHAGLNGDILVWNPVLEDAFELSSMGIRVDADTLKHQ
LALTGDEDRLELEWHQALLRGEMPQTIGGGIGQSRLTMLLLQLPHIGQVQAGV
WPAAVRESVPSLL

蛋白质序列.dat

将序列中每三种组合在一起的氨基酸片段截取出来，如前 2 个片段是：MKT，KTA，然后计算求取出现频率最高的片段。

5. 针对下图，编写图书类，编写程序，将文件中的内容读入计算机，每行形成一个图书对象，并追加到列表中，用 lambda 表达式，分别按价格、书名排序，并输出排序结果。

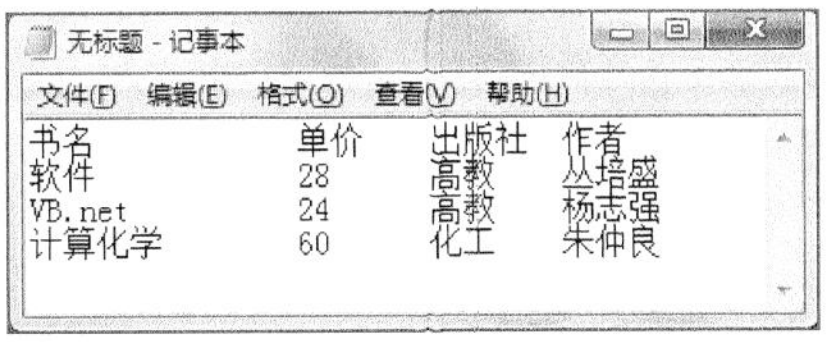
无标题 - 记事本
文件(F) 编辑(E) 格式(O) 查看(V) 帮助(H)

书名	单价	出版社	作者
软件	28	高教	从培盛
VB.net	24	高教	杨志强
计算化学	60	化工	朱仲良

6. 针对题 5，请给图书增加编号属性，由 4 位数字组成，然后以编号作键，以图书对象作值，形成字典。

7. 给定信号测量序列，[12，13，15，16，18，19，22，22.3，21.7，19.1，18.2，17，14.2，13.3，12]，请你分别用 3、5 点平滑，计算其平滑后的结果。

8. 对于下图所示的 9 个方格，如果按照从左向右，从上向下的次序，将其放进一个有 9

个元素的列表 A 中。请写出计算对角线以及反对角上的三个元素的和所使用的分片语句。

视频讲解：
列表应用例子—
九宫格优化

2	9	4
7	5	3
6	1	8

第七章

存　　储

信息化的今天，来自各行业的大量数据都需要存储。数据存储的方式、技术有很多，本章主要围绕文本文件、excel 文件、数据库展开讨论。

7.1　文件

对文件的定义，可以将其理解为：存储在外存储器上的，受操作系统管理的，一系列信息的组合。文件有多种存储格式，文件内部除了保存的数据信息外，还包含文件格式信息。这些格式化的文件，通常需要用特殊的软件打开，例如：docx 是 word 文件，mp4 文件则需要通过电影播放器打开，等等。

文件存储方式中，有一种以纯文本方式存储的文件，在科学计算中应用最为普遍，它里面只包含数据信息，数据存储的编排由操作者自己定义。

例如，大学一个学期结束后，一个班级的考试成绩可整理成图 7.1.1 所示的格式存储。

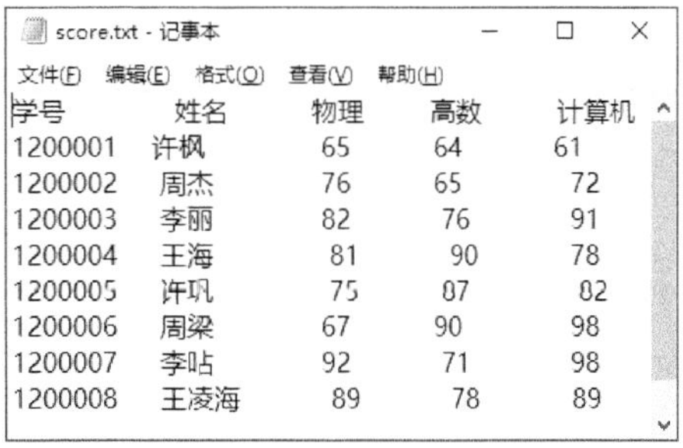

score.txt - 记事本
文件(F)　编辑(E)　格式(O)　查看(V)　帮助(H)

学号	姓名	物理	高数	计算机
1200001	许枫	65	64	61
1200002	周杰	76	65	72
1200003	李丽	82	76	91
1200004	王海	81	90	78
1200005	许巩	75	87	82
1200006	周梁	67	90	98
1200007	李岵	92	71	98
1200008	王凌海	89	78	89

图 7.1.1　学生成绩存储格式

生物信息学中，全世界公认的蛋白质序列文件采用"fasta"格式的文本文件存储，如图 7.1.2 所示：

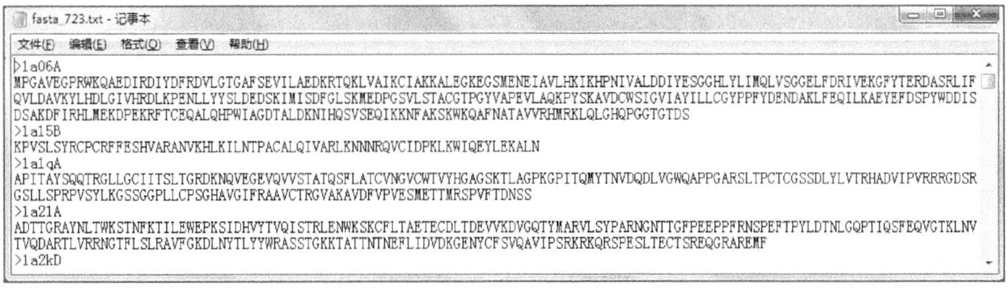

fasta_723.txt - 记事本
文件(F)　编辑(E)　格式(O)　查看(V)　帮助(H)

```
>1a06A
MPGAVEGPRWKQAEDIRDIYDFRDVLGTGAFSEVILAEDKRTQKLVAIKCIAKKALEGKEGSMENEIAVLHKIKHPNIVALDDIYESGGHLYLIMQLVSGGELFDRIVEKGFYTERDASRLIF
QVLDAVKYLHDLGIVHRDLKPENLLYYSLDEDSKIMISDFGLSKMEDPGSVLSTACGTPGYVAPEVLAQKPYSKAVDCWSIGVIAYILLCGYPPFYDENDAKLFEQILKAEYEFDSPYWDDIS
DSAKDFIRHLMEKDPEKRFTCEQALQHPWIAGDTALDKNIHQSVSEQIKKNFAKSKWKQAFNATAVVRHMRKLQLGHQPGGTGTDS
>1a15B
KPVSLSYRCPCRFFESHVARANVKHLKILNTPACALQIVARLKNNNRQVCIDPKLKWIQEYLEKALN
>1a1qA
APITAYSQQTRGLLGCIITSLTGRDKNQVEGEVQVVSTATQSFLATCVNGVCWTVYHGAGSKTLAGPKGPITQMYTNVDQDLVGWQAPPGARSLTPCTCGSSDLYLVTRHADVIPVRRRGDSR
GSLLSPRPVSYLKGSSGGPLLCPSGHAVGIFRAAVCTRGVAKAVDFVPVESMETTMRSPVFTDNSS
>1a21A
ADTTGRAYNLTWKSTNFKTILEWEPKSIDHVYTVQISTRLENWKSKCFLTAETECDLTDEVVKDVGQTYMARVLSYPARNGNTTGFPEEPPFRNSPEFTPYLDTNLGQPTIQSFEQVGTKLNV
TVQDARTLVRRNGTFLSLRAVFGKDLNYTLYYWRASSTGKKTATTNTNEFLIDVDKGENYCFSVQAVIPSRKRKQRSPESLTECTSREQGRAREMF
>1a2kD
```

图 7.1.2　蛋白质序列存储的 fasta 格式

其特点是，以“＞ID”的方式存储一条序列的 ID，接下来的一行则是以字母表达的氨基酸序列。

7.1.1 文本文件操作

文件的操作被分成以下三个步骤：

(1) 打开。

(2) 读或写。

(3) 关闭。

对大多数计算问题，对文件的读和写操作是分开进行的。即，程序在读某一个文件时，在其关闭前，不会对其进行写操作。我们在此遵循这样的假设。

Python 中，打开文件的语句格式为：

```
文件对象=open(磁盘文件名，mode，是否利用缓存)
```

磁盘文件名是包含路径的文件名，例如“C:\\Python33\\newdata.txt”，mode 可以为“r”“w”，分别代表读、写，是否利用缓存对应的值为“True”或“False”，“True”代表使用缓存。打开文件后，以后对文件的操作通过“文件对象”完成。

文件操作完毕后，需要通过文件对象的 close()方法将其关闭，以便释放资源。

例如以“读”“使用缓存”方式打开文件“C:\\Python33\\newdata.txt”，并立即关闭，其语句为：

```
>>> f=open("C:\\Python33\\newdata.txt","r",True)
>>> f.close()
```

执行上面两语句时，似乎什么也没发生！这是因为并没有对文件进行操作，没有读出文件里的内容。

1. 读操作

视频讲解：文件基础—文件打开模式

对文本文件的读操作，Python 提供了很多方式，但常见的操作是以文本文件的行为单位展开，表现为以下三种方式：

① 将文件当作列表处理

其格式为：

```
for line in 文件对象:
    处理 line
```

这种处理方式，将文件的每行作为一个字符串处理，例如对图 7.1.1 学生成绩文件的读操作如下：

```
>>> f=open("C:\\Python33\\score.txt","r",True)
>>> for line in f:
```

```
        print(line)

学号        姓名        物理        高数        计算机
1200001     许枫        65          64          61
1200002     周杰        76          65          72
…
```

可以发现一个很有趣的现象，文件的输出中，行与行之间多了一个空行，而原始文件中，行与行之间并无空行。出现这种情况的原因是，Python 将文件中的换行符“\n”也读入字符串对象 line 中，而 print 语句在输出一行后的内容后，也要换行，所以就出现了输出中的行与行之间的空行。这个问题可以通过分片方式解决，所以正确的操作方式应该为：

```
>>> f=open("C:\\Python33\\newdata.txt","r",True)
>>> for line in f:
temp=line[:-1]            # 将一行最后的\n 去掉
print(temp)

学号        姓名        物理        高数        计算机
1200001     许枫        65          64          61
…
```

② 通过 readlines()方法一次性读入列表

readlines()方法将文件一次性读入一个列表中，列表的每个元素是文件的一行。例如：

视频讲解：文件基础—读文件

```
>>> f=open("C:\\Python33\\score.txt","r",True)
>>> allLines=f.readlines ()
```

当所有数据读入列表后，可以采取对列表的操作方案对数据进行处理，例如：

```
>>> for linc in allLincs:
        print(line[:-1])

学号        姓名        物理        高数        计算机
1200001     许枫        65          64          61
1200002     周杰        76          65          72
…
```

③ 通过 readline()方法

readline()方法每次只读入一行，当读完文件的最后一行，再继续读时，读到的是文件的结束符，它是一个空对象。因此可以通过判断读入的内容是否有效而打断循环的方式来结束文件的读操作。这种读方式，操作稍微复杂一点。但如果文件不需要读到结尾，例如只想从文件中找某些关键信息，而找到后就不需要再继续操作时，这种方法是比前面的方法有效的。通过 readline()方法读文件的例子如下：

```
f=open("C:\\Python33\\score.txt","r",True)
while True:
    line=f.readline()
```

```
    if not line:  #判断 line 是空对象
        break  # line 是空对象时，说明读到文件结尾，则用 break 打断循环
print(line[:-1])
```

学号	姓名	物理	高数	计算机
1200001	许枫	65	64	61
1200002	周杰	76	65	72

…

视频讲解：读文件例子—学生成绩单

【例 7.1.1】 读入图 7.1.1 中的学生成绩，并计算每个学生的总成绩，输出学号、姓名、总成绩。

由于 Python 将文件的每行当作一个字符串处理，为了得到每个学生的成绩，需要将字符串分割，并将成绩通过 float 函数转换为浮点数，然后进行计算。以文件中的一行为例：

```
1200001    许枫    65    64    61
```

当将上述行读入并将其按空格分割后，形成的列表中的第 0、1 元素分别为学号和姓名，第 2、3、4 元素则分别为三门课程的成绩，这些成绩需要用 float 函数进行转换。程序代码如下：

视频讲解：读文件例子—矩阵

```
f=open("C:\\Python33\\newdata.txt","r",True)
allLines=f.readlines()
for i in range(1,len(allLines)):
    temp=allLines[i].split()
    totalScore=float(temp[2])+float(temp[3])+float(temp[4])
    print(temp[0],'\t',temp[1],'\t',totalScore)
```

```
1200001    许枫      190.0
1200002    周杰      213.0
1200003    李丽      249.0
1200004    王定海    249.0
```

【例 7.1.2】 从文本数据文件读数据形成对象列表

对图 7.1.1，尝试从文件中读入数据，用读入的每行数据形成一个学生对象，然后形成学生对象列表，并按总成绩倒序排序。

先回忆一下学生类的构造函数定义：

```
class Student:
    def __init__(self, no, name, math, phy, compu):
```

视频讲解：读文件例子—学生成绩单

根据图 7.1.1，任务的目的是每读一行，将数据分割后，形成一个 Student 对象，将其追加到列表中即可。在 Student 类的支持下，程序的完整代码如下：

```
class Student:
```

```
    def __init__(self, no, name, math, phy, compu):
        self.no = no
        self.name=name
        self.math=math
        self.phy=phy
        self.compu=compu
        self.tot = math+phy+compu
        self.avg = self.tot/3.0

f=open('C:\\Python33\\newData.txt','r',True)
li=[]
f.readline()   # 第一行是表头,不是学生对象,通过该语句跳过
for line in f:
    temp=line.split()
    no,name=temp[0],temp[1]
    math,phy,computer=float(temp[2]),float(temp[3]),float(temp[4])
    student=Student(no,name,math,phy,computer)
    li.append(student)
li.sort(key=lambda obj:obj.tot,reverse=True)   # 排序,按总分从高到低
for stu in li:
    print(stu.no,"\t",stu.name,"\t",stu.math,"\t",stu.phy,"\t",stu.tot)
```

程序的运行结果如下：

1200003	李丽	82.0	76.0	249.0
1200004	王定海	81.0	90.0	249.0
1200002	周杰	76.0	65.0	213.0
1200001	许枫	65.0	64.0	190.0

2. 写操作

Python 中为写打开文件时,将操作模式改为“w”即可,例如语句:

```
>>> f=open("C:\\Python33\\result.txt","w",True)
```

视频讲解：写文件—基础

为写而打开(或创建)了文件 result.txt,如果指定的磁盘目录中不存在指定的文件,则 Python 创建该文件,如果文件已经存在,则将文件的内容清空,为写入做好准备。

文件的关闭对文件的写操作而言非常重要,因为通过缓存写文件,在缓冲区不满时,数据不会写到磁盘。所以,当文件最后的一段内容不足以填满一个缓冲区而又不调用文件对象的 close()方法,会导致文件内容不完整。

文件对象使用 write()和 writelines()方法完成向文件输出的任务。write()方法只能有一个参数,参数的类型只能是字符串。writelines()方法用于将一个字符串列表一次性输

出到一个文件中。但请注意，writelines()并不负责字符串列表元素间的换行。这导致输出文件中，所有的字符串都被写在一起，难以区分。因此，在输出字符串列表时，用户需要自己确定元素间的分隔。例如：

```
>>> f=open('d:\\ttt.txt','w',True)
>>> a=1.0
>>> b=str(a)
>>> f.write(a)

Traceback (most recent call last):
  File "<pyshell#19>", line 1, in <module>
    f.write(a)
TypeError: must be str, not float

>>> f.write(b)

3

>>> f.close()
```

上面代码中，当试图通过 write()方法向文件 d:\ttt.txt 写一个整数时，系统报错。当通过语句 b=str(a)将整数转换为字符串，然后将 b 写入文件时，则是正确的。再如：

```
>>> Li=[2.0,18.5,33]
>>> f=open('d:\\ttt.txt','w',True)
>>> f.writelines(Li)

Traceback (most recent call last):
  File "<pyshell#24>", line 1, in <module>
    f.writelines(Li)
TypeError: must be str, not float
```

即 writelines()方法不支持数值列表。

再来看写字符串列表的例子：

```
>>> Li=["Mr. Lee is a teacher","Mr. Zhang is a Engineer",'Mr. Wang is a worker']
>>> f=open('d:\\ttt.txt','w',True)
>>> f.writelines(Li)
>>> f.close()
```

上例将一个字符串列表通过 writelines()方法一次性地写入文件 d:\ttt.txt。打开该文件，其内容如图 7.1.3 所示。

可见，writelines 方法只是将列表每个元素直接输出。这种输出结果，对后续的数据处理造成困难。

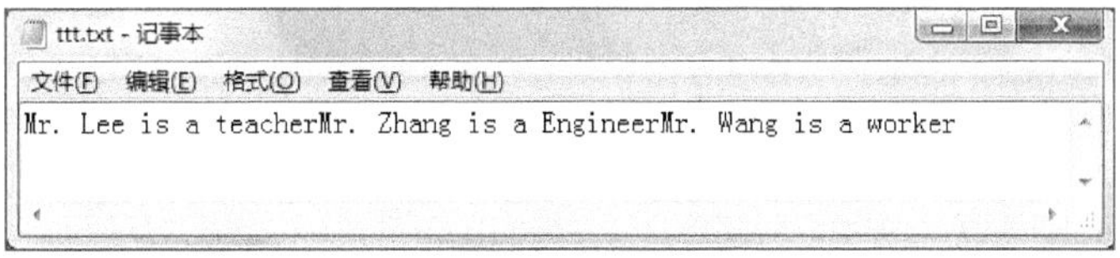

图 7.1.3 writelines()方法输出字符串列表至文件的结果

将上面字符串列表中的每个对象的最后都加入换行符“\n”，然后再经过 writelines()语句将其输出，仍然写到 d:\ttt.txt 文件中，代码如下。

```
>>> Li=["Mr. Lee is a teacher\n","Mr. Zhang is a Engineer\n",'Mr. Wang is a worker\n']
>>> f=open('d:\\ttt.txt','w',True)
>>> f.writelines(Li)
>>> f.close()
```

打开输出文件 d:\ttt.txt，其结果如图 7.1.4 所示。

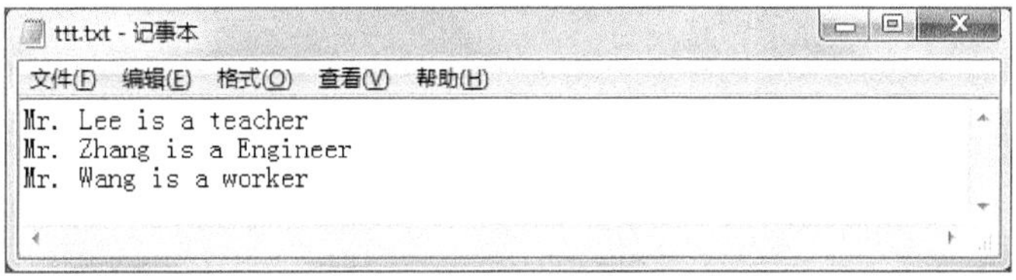

图 7.1.4 每个元素跟换行符后，writelines()方法输出结果

【例 7.1.3】 文本文件的拷贝

由于文件对象的 readlines()方法可以将文件的内容一次性读入一个列表中，且将换行符也当作有效字符读入，所以，配合 writelines()方法，可以迅速实现文件的拷贝，其代码如下：

```
f=open('d:\\ttt.txt','r',True)
allLines=f.readlines ()
fCopy = open('d:\\tttCopy.txt','w',True)
fCopy.writelines(allLines)
f.close()
fCopy.close()
```

上面例子中，打开文件后，使用 readlines()将所有行读入 allLines 列表中，再使用 writelines()方法拷贝原来文件的内容，通过 close()方法关闭文件，完成文件的拷贝。

7.1.2 综合案例——数据分拣

某学校大学计算机课程考试采用机考形式，每年参与学习的学生有 3 000 多人，由不同的老师执教(每个班级 60 人左右)。由于机房只有 350 台电脑,因此每场考试采用混场的形式(不同老师的班级混在一起)。考试完毕后,需要将学生再分班到各教师名下。已知条件为:每个教师班级的学生名单,每场考试的学生成绩表。

学生总成绩表和某教师的学生名单表分别如图 7.1.5(a)、(b)所示:

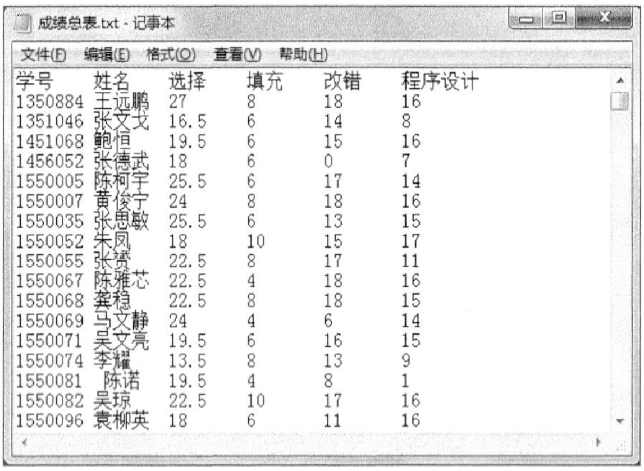
成绩总表.txt - 记事本
文件(F) 编辑(E) 格式(O) 查看(V) 帮助(H)

学号	姓名	选择	填充	改错	程序设计
1350884	王远鹏	27	8	18	16
1351046	张文戈	16.5	6	14	8
1451068	鲍恒	19.5	6	15	16
1456052	张德武	18	6	0	7
1550005	陈柯宇	25.5	6	17	14
1550007	黄俊宁	24	8	18	16
1550035	张思敏	25.5	6	13	15
1550052	朱凤	18	10	15	17
1550055	张诚	22.5	8	17	11
1550067	陈雅芯	22.5	4	18	16
1550068	龚稳	22.5	8	18	15
1550069	马文静	24	4	6	14
1550071	吴文亮	19.5	6	16	15
1550074	李耀	13.5	8	13	9
1550081	陈诺	19.5	4	8	1
1550082	吴琼	22.5	10	17	16
1550096	袁柳英	18	6	11	16

(a) 某场考试总名单

2015年周一班名单.txt ...
文件(F) 编辑(E) 格式(O) 查看(V) 帮助(H)

1350748 陈晓东
1350884 王远鹏
1351046 张文戈
1356041 弗朗西斯
1550245 郑皓
1550707 段钰
1550708 章力博
1550710 周文鼎
1550711 成林燕
1550722 周婷
1550731 杨可
1550733 成磊
1550735 徐梓齐
1550737 王傲
1550741 林楚沛
1550748 刘钊

(b) 教师的学生名单

图 7.1.5 不同班级学生同场考试名单分拣

分析:从图中可以看出,教师班级学生名单提供了学号、姓名(中间用 tab 间隔),因此可以通过读文件、字符串分割,形成学生学号的列表 myClassStudentList。然后读总成绩表文件,每读一行,取出该行的学号,判断它是否在 myClassStudentList 中,如果是,则将该行直接输出到文件 result.txt 中,当将总成绩表中所有学生都过滤一遍后,得到的就是该教师班级学生成绩单。

根据上面的分析编写的程序代码如下:

视频讲解:
综合读写例子——数据分拣

程序:
成绩数据分拣

```
# 确定教师班级的学生名单格式为:学号\t 姓名,没有标题行,如图 7.1.5(b)
myClassStudentListFile=r"E:\teach\2015 周五班名单.txt"
# 确定教师的班级的成绩输出文件
myClassStudentScoreFile=r"E:\teach\2015 周五班成绩单.txt"
# 总成绩表
# 格式为学号\t 姓名\t 选择\t 填充\t 改错\t 程序设计
# 该文件有标题行
totalScoreFile=r"E:\teach\成绩总表.txt"

f=open(myClassStudentListFile,"r",True) #读教师班级学生名单,形成列表
myClassStudentList=[]
while True:
    oneLine=f.readline()
    if not oneLine:
```

```
            break
        temp=oneLine.split("\t")
        studentNo=temp[0]
        myClassStudentList.append(studentNo)
    f.close()
    ftotal=open(totalScoreFile,"r",True)   # 读总成绩表
    title=ftotal.readline()[:-1]   # 读成绩表的第一行,标题
    fResult=open(myClassStudentScoreFile,"w",True)
    fResult.write(title+"\n")
    for line in ftotal:
        line=line[:-1]
        temp=line.split("\t")
        thisStudentNo=temp[0]   # 找到成绩表每行的学号
        if thisStudentNo in myClassStudentList:   # 该学号是否是指定教师的学生
            fResult.write(line+"\n")
    ftotal.close()
    fResult.close()
```

本例中,结合数据结构列表、文件读写,实现了数据的分拣工作,有兴趣的读者可以模拟相关数据,使用上述程序代码加强理解。

7.1.3 Excel 文件

Python 对 Excel 的操作,基于两个包:xlrd 和 xlwt,分别负责读、写 Excel 文件。使用时,在程序的开头,直接引用即可。如:

视频讲解:EXCEL 文件

```
import xlrd,xlwt
```

1. 写工作薄

写 excel 文件分以下四个步骤

① 创建工作簿,wb=xlwt.Workbook()

② 增加 sheet,wb.add_sheet('sheet1',cell_overwrite_ok=True),并对其引用 ws1=wb.get_sheet(0)

③ 写单元格,ws1.write(row,col,值)

④ 保存 excel 文件,wb.save(文件名)

【例 7.1.4】 模拟学生两门课的考试成绩表,保存成 excel 文件。

```
import xlrd,xlwt
import numpy as np
wb=xlwt.Workbook()                                  # 创建 excel 工作簿
wb.add_sheet('sheet1',cell_overwrite_ok=True)       # 覆写单元格内容
```

```
ws1=wb.get_sheet(0)                                          # 操作 excel 的第一个 sheet
data=[['zhang',89,72],['Li',78,90],['wang',100,98]]  # 模拟学生两门课程的成绩列表
for row in range(len(data)):
    for col in range(len(data[0])):
        ws1.write(row,col,data[row][col])
wb.save(r"d:\12.xls")
```

程序执行完毕后，将在 d:盘根目录生成 12.xls 文件。

由于 Microsoft Office 版本的升级，Excel 新版本的文件格式变成了 xlsx，但 xlwt 不支持输出新版的 xlsx 文件，此时，可以用 xlsxwriter 代替，如下面代码：

```
import xlsxwriter
import numpy as np
wb=xlsxwriter.Workbook(r"d:\12.xlsx")
ws1=wb.add_worksheet('sheet1')
data=[['zhang',89,72],['Li',78,90],['wang',100,98]]
for row in range(len(data)):
    for col in range(len(data[0])):
        ws1.write(row,col,data[row][col])
wb.close()
```

2. 读工作簿

打开一个 Excel 文件的格式为：

```
x=xlrd.open_workbook(excel 文件名)
```

如：

```
x=xlrd.open_workbook(r"E:\teach\Python\data\test2.xlsx")
```

直接打开指定目录下的 test2.xlsx 文件。

由于一个 excel 工作簿中可能存在多个 sheet，所以在读数据时，还须指定 sheet 序号。

如下列语句指定 excel 工作簿的第一个 sheet。

```
y=x.sheets()[0]
```

指定工作簿后，可以按行或列获取数据，形成一个列表。如：

```
row1=y.row_values(0)    # 获取表的第一行
col1=y.col_values(0)    # 获取表的第一列
```

可以使用遍历的方式将整个 sheet 读进内存。此时，可使用 sheet 对象的 nrows(所有行数)和 ncols(所有列数)属性。

	A	B
1	x	y
2	-3.81	5.29E-03
3	-3.79	5.59E-03
4	-3.77	5.61E-03
5	-3.75	5.42E-03
6	-3.73	5.47E-03
7	-3.71	5.62E-03
8	-3.69	5.86E-03
9	-3.67	5.88E-03
10	-3.65	6.12E-03
11	-3.63	5.89E-03

图 7.1.6 excel 文件

例如对图 7.1.6 的 excel 文件，按行读取，形成一个二维列表

的程序如下：

```
import xlrd
x=xlrd.open_workbook(r"E:\teach\Python\data\test2.xlsx")
y=x.sheets()[0]              # 获得第一个 sheet
result=[]
for i in range(y.nrows):
    a=y.row_values(i)
    result.append(a)
```

【例 7.1.5】 设 excel 文件的格式如图 7.1.7 所示(请注意：班级学生名单的学号，是以数值型存储的，成绩总表中的学号，是以字符串存储的，请注意 Python 读入后内存的差异)，请使用 xlrd 重新完成数据的分拣。

	A	B
1	studentNo	studentName
2	1350748	陈晓东
3	1350884	王远鹏
4	1351046	张文戈
5	1356041	弗朗西斯
6	1550245	郑皓
7	1550707	段钰
8	1550708	章力博
9	1550710	周文鼎
10	1550711	成林燕
11	1550722	周婷
12	1550731	杨可
13	1550733	成磊
14	1550735	徐梓齐
15	1550737	王傲
16	1550741	林楚沛
17	1550748	刘钊
18	1550752	陈杨凯

班级学生名单表

	A	B	C	D	E
1	学号	姓名	成绩	选择	填充
2	1350884	王远鹏	88	27	8
3	1351046	张文戈	45	16.5	6
4	1451068	鲍恒	66	19.5	6
5	1456052	张德武	31	18	6
6	1550005	陈柯宇	80	25.5	6
7	1550007	黄俊宁	86	24	8
8	1550035	张思敏	79	25.5	6
9	1550052	朱凤	80	18	10
10	1550055	张赟	77	22.5	8
11	1550067	陈雅芯	80	22.5	4
12	1550068	龚稳	81	22.5	8
13	1550069	马文静	68	24	4
14	1550071	吴文亮	75	19.5	6
15	1550074	李耀	62	13.5	8
16	1550081	陈诺	47	19.5	4
17	1550082	吴琼	84	22.5	10
18	1550096	袁柳英	70	18	6

成绩总表

图 7.1.7 数据分拣程序的 excel 文件样例

程序的代码如下：

程序：excel 数据分拣

```
import xlrd
x=xlrd.open_workbook(r"E:\teach\2015 周一班名单.xlsx")
y=x.sheets()[0]
myClassStudent=y.col_values(0)               # 读入的学号是浮点数
myClassStudent=myClassStudent[1:]            # 第一行是标题，去掉
t=map(int,myClassStudent)                    # 把浮点数表达的学号转整数
myClassStudent=list(t)                       # myClassStudent 学号组成的列表
x=xlrd.open_workbook(r"E:\teach\成绩总表.xlsx")
y=x.sheets()[0]
result=[]
for i in range(1,y.nrows):                   # 总表第 0 行是标识行，所以从 1 开始循环
```

```
        a=y.row_values(i)
        if int(a[0]) in myClassStudent:                # 读入的学号是字符串,转整数
            result.append(a)
f=open('d:\\score.txt','w')
for line in result:
    temp=list(map(str,line))
    for one in temp:
        f.write(one+"\t")
    f.writelines("\n")
f.close()
```

处理得到的结果在列表 result 中,将其输出即可。读者可以将本段程序与 7.1.2 以文本方式处理的程序比对,体会 xlrd 包带来的便利。

7.2 数据库

Python 支持任何类型的关系型数据库,使用时只需要对应数据库的支持模块。例如微软的 MS SQL Server 需要 pymssql 模块的支持。各种数据库的使用方法类似,由于 Python 自带了小型关系型数据库 SQLite3,简单易用,所以本节就以 SQLite3 为例,讲解 Python 中如何创建数据库、表,及如何实现数据的操作和查询。本节假设读者对关系型数据库、SQL 语句已经有充分的了解。没有基础的读者请参阅大学计算机基础课程中关于数据库的章节。

使用 SQLite3,在 Python 程序中引入对应的模块,如下面语句:

```
import sqlite3 as sq3
```

7.2.1 创建数据库及表

1. 创建数据库

程序：
创建数据库及表

创建 SQLite3 数据库是指创建一个符合 SQLite3 关系型数据库格式的文件,一般以.db 为后缀名。创建数据库需要先确定数据库存放的位置、数据库文件名。使用如下 Python 语句即可创建:

```
import sqlite3 as sq3
path='./data/'
filename=path+'numbers.db'
con=sq3.Connection(filename)
```

上面代码首先确定了在当前工作目录的子目录 data 中建立 numbers.db 作为数据库文件,语句 con=sq3.Connection(filename)创建该文件,并返回与数据库的连接。若数据库文件已经存在,则 Connection 方法只返回连接。

2. 创建表

创建表使用 SQL 的 create table 语句完成。在设计了表的结构，形成 SQL 语句后，创建表使用如下的代码完成：

```
import sqlite3 as sq3
path='./data/'
filename=path+'SC.db'
con=sq3.Connection(filename)
query='create table worker(workerNo textPRIMARY KEY,workerName text, birthday date, salary
    real)'
con.execute(query)
```

上面代码首先创建（或连接）了数据库 SC.db，然后在数据库中创建了表 worker。该表有 4 个字段，分别是 workerNo、workerName、birthday 和 salary，以 workerNo 为主键，并确定了四个字段的数据类型。

7.2.2 数据库更新

程序：数据库插入数据

数据库的更新语句包括插入、更新、删除，形成对应的 SQL 语句后执行过程一样。下面代码先连接数据库 SC.db，然后在表 worker 中插入一条新记录。

```
import sqlite3 as sq3
path='./data/'
filename=path+'SC.db'
con=sq3.Connection(filename)
data=('88031','laodeng','1964-6-1',5800)  # 以元组表达一条记录
con.execute('insert into worker values(?,?,?,?)',data)
# 插入语句，4 个问号分别对应 data 中的 4 个元素
con.commit()  # 执行 sql 语句
```

当有多条记录需要插入数据库时，可以先将数据整理成一个列表，然后使用 executemany 方法完成任务。如下面代码：

```
import sqlite3 as sq3
path='./data/'
filename=path+'SC.db'
con=sq3.Connection(filename)
data=[['89037','laocong','1964-05-12',5210],['83056','laozhu','1962-2-1',6230]]
con.executemany('insert into worker values(?,?,?,?)',data)
con.commit()
```

7.2.3 数据库查询

程序：
数据库查询

数据库查询语句由 select 关键字开始，查询之前需要先连接数据库。查询语句返回查询结果集合，程序将查询结果集合输出即可。下面的代码将 7.2.2 节插入数据库中的三条记录，通过 select 语句读出。

```
import sqlite3 as sq3
path='./data/'
filename=path+'SC.db'
con=sq3.Connection(filename)
query='select * from worker'
results=con.execute(query).fetchall()
for item in results:
    print(item)
```

程序的执行的结果如下：

```
('88031', 'laodeng', '1962-6-1', 5800.0)
('89037', 'laocong', '1964-08-18', 5210.0)
('83056', 'laozhu', '1962-2-1', 6230.0)
```

思考题

1. 定义学生类，属性包括学号、姓名、性别，三门课的成绩高等数学、大学物理、C 语言，自行组织文本文件，每行一个学生。读该文件，每行形成一个学生对象，追加到列表 studentList 中。对形成的列表按高数成绩从高到低排序，并输出到另一个文件 result 中。

2. 对于图 7.1.7 所示的 excel 文件，编写程序，将本班级的学生成绩挑选出来。

3. 针对题 2 的班级名单表，创建数据库及对应的表，将前 5 条记录插入表中，并通过查询语句输出。

第八章

Python 与计算求解

Python 作为开源软件，提供了大量强大的类库，为程序员快速求解问题提供了强有力的支持。本章重点介绍 Python 在线性建模、作图及机器学习等方面相关类库的应用，希望通过各种案例的讲解，提高各专业同学利用 Python 求解问题的能力。为把建模问题的公式描述清晰，后续章节中约定，公式推导、表达中矩阵以大写粗体字母表示，向量以小写粗体字母表示。

8.1 线性回归建模与预测

视频讲解：线性建模与矩阵运算

矩阵计算在各专业的问题求解中应用非常普遍，如土木建筑领域中的结构强度计算，环境监测中有害物质的检测，化学中的定量分析等。

以化学中的 3 组分为例，配制不同配比的 5 个混合物，也就是三种组分的浓度组合（c_1，c_2，c_3），有 5 种组合：$\boldsymbol{C}_{5\times 3}$。

在 5 个波长下，对每个纯组分溶液，测定每个波长下光的吸收情况，可得 $\boldsymbol{X}_{3\times 5}$ 的矩阵，是纯光谱矩阵。根据吸光的加和性质及朗伯-比尔定律，$\boldsymbol{C}\times\boldsymbol{X}$ 就是每个混合物的光谱，即：

$$\boldsymbol{S}_{5\times 5}=\boldsymbol{C}_{5\times 3}\boldsymbol{X}_{3\times 5}$$

上述矩阵方程中，知道任意两个，都可以求得第三者。因此，学习矩阵运算理论并能通过计算机运算，是科学计算的基础。

Python 的 numpy 库为矩阵运算提供了基础，使用 numpy，请在程序的开头添加引用：

```
import numpy as np
```

8.1.1 矩阵与文件的输入和输出

视频讲解：python 矩阵 numpy 与数据文件

矩阵常采用文本文件方式存储，将程序设计中的矩阵对象与文本文件关联起来，实现方便的读入和输出，可为程序编写者带来极大的便利。

1. 读文本文件形成矩阵

numpy 提供了直接读文件形成矩阵的方法 loadtxt，使用时的操作为：

```
Z=np.loadtxt ("c:\\Python33\data.txt")
```

此时，Z 就是所需要的实矩阵。

2. 保存矩阵到文本文件

numpy 的 savetxt 函数，负责将矩阵写入磁盘文件。其格式为：

```
numpy.savetxt(fname, X, fmt='格式串', delimiter='', newline='\r\n')
```

其中 fname 为文件名，X 为待输出矩阵，fmt 为数据格式，delimiter 是列分隔符，newline 为换行符，一般使用\r\n。

下面的语句将矩阵 ***y*** 保存到磁盘文件 111.txt 中。数据格式为宽度 5 位，保留 2 位小数。

```
np.savetxt("d:\\111.txt",y,fmt='%5.2f', delimiter='\t', newline='\r\n')
```

【例 8.1.1】 产生矩阵 ***x***，请用 savetxt 将其存储到磁盘文件，然后用 loadtxt 读入文件进行验证。

程序的代码如下：

```
x=np.ones((3,2))                 # 生成每个元素都为 1 的 3 行 2 列的矩阵
np.savetxt(r"d:\333.txt",x)      # 将 x 矩阵存储到 d:\333.txt 文件中
y=np.loadtxt(r"d:\333.txt")      # 将存储的矩阵，从文件中读到 y 矩阵
>>> y
array([[ 1.,   1.],
       [ 1.,   1.],
       [ 1.,   1.]])
```

8.1.2 矩阵的初始化与重组

视频讲解：python 矩阵定义初始化

矩阵的初始化指采用 numpy 提供的各类方法快速形成需要的矩阵，重组则是指对矩阵的数据进行重新组织，例如两个矩阵合并成一个，从原矩阵分片得到子矩阵，行(列)互换，插入新行(列)等。

1. 列表转化为矩阵

使用 array 方法，可以将一个列表转换为矩阵，其格式为：

```
A=np.array(列表)
```

例如：

```
A=np.array([[1,2,3] , [33,45,23]] )
```

定义一个 2 行 3 列的矩阵，矩阵的第一行为 1,2,3；第二行为 33,45,23。

2. 初始化矩阵

numpy 提供了 zeros、ones、eye、random 等方法形成矩阵。zeros 方法生成一个元素都是 0 的矩阵，例如：B=np.zeros((2,3))，生成一个 2 行 3 列的元素全是 0 的矩阵。注意，

zeros 方法的参数是一个元组 tuple 类型。

例如：

```
>>> B=np.zeros((2,3))
>>> B

array([[ 0.,   0.,   0.],
       [ 0.,   0.,   0.]])
```

对应于 zeroes，ones 方法生成所有元素都是 1 的矩阵，例如：

```
>>> x=np.ones((2,3))
```

eye 方法生成单位矩阵，如下面语句：

```
X=np.eye(5)
```

生成一个 5×5 的单位矩阵。

除此之外，numpy 还提供了生成随机数矩阵的方法，且这些随机数可以指定为服从某种统计分布。例如产生服从(0,1)正态分布的伪随机数 5×5 的矩阵，其代码如下：

```
>>> x=np.random.standard_normal((5,5))
>>> x

array([[-1.83736792,  0.67922545,  0.88613889,  0.34733628, -1.38831522],
       [ 0.39040858, -0.19304491,  0.72304441, -0.70496492,  0.14639742],
       [-0.79120637, -0.33474035, -0.53879652, -0.31085739, -1.68399205],
       [-0.66716975,  1.31126922, -1.55773383, -2.13344984, -1.85336172],
       [-0.26524829,  1.6744598,   0.24608944,  0.53472588,  0.7337802 ]])
```

3. 矩阵的分片

numpy 的 array 对象，与列表相似，因而也支持分片操作。所以，通过对已有矩阵进行分片操作，也是一种生成矩阵的方法。矩阵的分片支持两个维度，其格式为：

视频讲解：python 矩阵运算—重组

```
X[row1:row2:step1 [,col1:col2:step2] ]
```

例如：

```
>>> x=np.random.standard_normal((4,4))
>>> x

array([[ 1.09854861, -0.59421637, -1.35397805,  1.18100752],
       [-0.68608459, -0.79429086,  1.68624793, -0.67695012],
       [ 0.36349896,  0.41907268,  0.56131465,  1.08695328],
       [ 0.77400691, -2.57840008, -0.43642454,  0.83751704]])

>>> y=x[:,:2]    # 第一个“:”,代表所有行,第二个“:”,后跟数字 2,表示取前两列
```

```
>>> y
array([[ 1.09854861, -0.59421637],
       [-0.68608459, -0.79429086],
       [ 0.36349896,  0.41907268],
       [ 0.77400691, -2.57840008]])
>>> z=x[:2,2:]
>>> z
array([[-1.35397805,  1.18100752],
       [ 1.68624793, -0.67695012]])
```

上述代码首先生成一个 4×4 矩阵 ***x***。语句 $y=x[:,:2]$，取 x 的所有行、前 2 列，组成 ***y*** 矩阵；语句 $z=x[:2, 2:]$则选择前 2 行、最后两列组成 ***z*** 矩阵。

4. 矩阵插入新行或新列

在实际问题的求解过程中，有时需要为矩阵插入新行或新列，形成符合要求的矩阵，可以使用 np.insert 方法实现，其语法为：

结果矩阵=np.insert(矩阵 a，插入位置，矩阵 b，[$axis$=值])

上述语句将 b 矩阵按指定方向($axis=0$ 行，$axis=1$ 列)插入到矩阵 a 的指定位置。

例如：

```
>>> import numpy as np
>>> a=np.array([[1,2,3.0],[4.0,5,6]])
>>> b=np.ones(3)
>>> np.insert(a,0,b,axis=0)
array([[ 1.,  1.,  1.],
       [ 1.,  2.,  3.],
       [ 4.,  5.,  6.]])
```

上述代码将矩阵 b 插入矩阵 a 的第 0 行，a 新增一行，新行的数值都是 1。

继续编写代码如下：

```
>>> c=np.zeros(3)
>>> a
array([[ 1.,  1.,  1.],
       [ 1.,  2.,  3.],
       [ 4.,  5.,  6.]])
>>> c
array([ 0.,  0.,  0.])
```

```
>>> np.insert(a,0,c,axis=1)
array([[ 0.,  1.,  1.,  1.],
       [ 0.,  1.,  2.,  3.],
       [ 0.,  4.,  5.,  6.]])
```

上述代码，在 a 矩阵的第 0 列，插入一列，数据都是 0。

5. 矩阵合并

矩阵进行列合并或行合并，形成新矩阵，可以使用 np.c_[]和 np.r_[]实现，例如：

```
>>> a=np.array([[1,2,3.0],[4.0,5,6]])
>>> b=np.ones(2)
>>> c=np.c_[b,a]
>>> c

array([[ 1.,  1.,  2.,  3.],
       [ 1.,  4.,  5.,  6.]])
```

上述两个矩阵 a 和 b 行数相等，因此可以进行列合并，使用 np.c_[]实现。

6. 矩阵的行(列)交换

numpy 矩阵的行、列交换，采用切片的方式进行。行交换时，第一维用一个列表确定交换的两行的标号，第二维用"："号代表所有的列，如下列语句完成矩阵 data 第 0 行与第 2 行的交换：

```
data[[0, 2], :] = data[[2, 0], :]
```

列交换时，将需要交换的两列的标号写到第二维。如下面语句完成矩阵 data 第 0 列和第 2 列的交换：

```
data[:, [0, 2]] = data[:, [2, 0]]
```

8.1.3 矩阵算术运算

矩阵的算术运算，包括矩阵加、减、乘、转置、求逆等。

numpy 类库提供了很多矩阵运算的方法，分别解释如下：

1. 矩阵元素的索引

对矩阵元素的索引，可以从不同的角度出发加以引用，如矩阵的一行或一列，也可以是某个指定位置的元素。对二维矩阵 x 来说，如果只用一个下标引用，则指给定的行，例如：

视频讲解：python 矩阵计算—遍历

```
>>> x=np.array([[1,2],[5,6]])
>>> x[0]

array([1, 2])
```

指定具体元素，可在给定行后，再增加一个[]中跟随列索引完成，如：

```
>>> x[0][1]
2
```

这种写法和 C 语言是保持一致的。如果感觉以矩阵理论中矩阵元素的表达更容易理解，则可以写成[i,j]的形式，如：

```
>>> x[0,1]
2
```

2. 矩阵的行和列数

numpy 矩阵是一个对象，要获取一个矩阵的维数，使用其 shape 属性即可，如：

```
size = A.shape
```

size[0]是行数，size[1]是列数。

3. 矩阵的加减运算

视频讲解：
矩阵计算—算术

矩阵的“+”“-”运算对两个相同尺寸的矩阵进行，运算时直接用“+”“-”运算符进行。例如：

```
>>> A=np.array([[1,2,3.0],[2.1,2,3]])
>>> B=np.array([[4,1,2.0],[1.1,1,5]])
>>> C=A+B
>>> C
array([[ 5. ,  3. ,  5. ],
       [ 3.2,  3. ,  8. ]])
```

4. 矩阵相乘 np.dot

矩阵相乘，符合线性代数的运算规则，在 numpy 中，又被称为点乘，函数名为 dot。

设有矩阵 $\boldsymbol{A}$,$\boldsymbol{B}$，将其相乘得到矩阵 $\boldsymbol{C}$，使用的语句为：C=np.dot(A,B)。例如：

```
>>> import numpy as np
>>> A=np.array([[1,2,3.0],[2.1,2,3]])
>>> B=np.array([[2,1],[2.1,3],[4,1.2]])
>>> C=np.dot(A,B)   # 关键语句，矩阵相乘
>>> C
array([[ 18.2,  10.6],
       [ 20.4,  11.7]])
```

也可以直接使用矩阵的 dot 方法，如：

```
>>> C=A.dot(B)          #用矩阵对象 A 的 dot 方法
>>> C
```

```
array([[ 18.2,   10.6],
       [ 20.4,   11.7]])
```

numpy也支持2个矩阵进行“*”运算，但“*”运算与线性代数中的矩阵乘法有很大差异，例如：

```
>>> X=np.array([1,2])
>>> Y=np.array([[1,1],[2,2]])
>>> X*Y
array([[1, 2],
       [2, 4]])
```

我们看到，相乘的结果是，X的每个元素与Y的对应的列相乘。按线性代数理论，上面的运算结果显然不是我们需要的。但由于“*”运算无语法错误，很容易引起误解，所以请牢记：矩阵间相乘不能用“*”号，只能使用dot方法。

5. 矩阵转置

矩阵转置，将原矩阵的行变列，列变行。其语句为：

```
B=np.transpose (A)
```

或

```
B=A.T
```

例如：

```
>>> C
array([[ 18.2,   10.6],
       [ 20.4,   11.7]])
>>> D=C.T
>>> D
array([[ 18.2,   20.4],
       [ 10.6,   11.7]])
```

6. 方阵求逆

矩阵求逆，要求原矩阵是满秩的方阵。设**A**是满秩方阵，则**A**的逆矩阵可以用如下的语句求得：

```
B=np.linalg .inv (A)
```

例如：

```
>>> D=np.array([[ 18.2,   20.4],
        [ 10.6,   11.7]])
```

```
>>> Dinv=np.linalg.inv(D)
>>> Dinv

array([[-3.54545455,  6.18181818],
       [ 3.21212121, -5.51515152]])
```

此时，矩阵 Dinv 是 D 的逆，将两个矩阵相乘，应该得到一个单位矩阵，将 D 和 Dinv 相乘的结果如下：

```
>>> Dinv.dot(D)

array([[1.00000000e+00,  0.00000000e+00],
       [-7.10542736e-15,  1.00000000e+00]])
```

可见，在误差范围内（10^{-15}可以认为是 0），结果矩阵是一个单位矩阵。

7. 矩阵与标量运算

矩阵与标量的加、减、乘、除运算，对矩阵的每个元素进行，如：

```
>>> zz=np.eye(3)
>>> zz+1

array([[ 2.,  1.,  1.],
       [ 1.,  2.,  1.],
       [ 1.,  1.,  2.]])
```

上述代码先生成一个 3×3 的单位矩阵，将其与 1 相加，结果是矩阵的每个元素都增加了 1。

视频讲解：python 矩阵计算—特殊运算

8. 算术运算扩展

称之为运算扩展，是因为这些运算并不符合线性代数、矩阵论等计算的规则，但在实际的科学计算中又需要这样的一些处理方式带来的便利。如一个矩阵与一个向量相除，或相减，在线性代数中并不存在这样的理论，但实际科学计算中却很有必要。设矩阵 $\boldsymbol{X}$ 是描述 n 个样本的检测数据，每个样本有 m 个特征。在进行科学计算时，经常存在将矩阵 $\boldsymbol{X}$ 按列进行处理，如将每个特征调整为 0 均值，1 方差。其处理过程是将每列减去其均值，然后除以其标准差。这样的处理采用循环对矩阵 $\boldsymbol{X}$ 的每列进行，还是用一条语句实现？numpy 采用了后面的方案。很显然，这种方案使程序的逻辑更加清晰，也符合人类思维的习惯。

numpy 支持矩阵与向量的加、减、乘、除运算，其运算规则按矩阵的列开展，即向量的每个元素与矩阵的对应列进行相应的运算。参看下面对矩阵 $\boldsymbol{X}$ 按列实现数据的 0 均值，1 方差的语句。

```
avg=X.mean(axis=0)
std=X.std(axis=0)
X=(X-avg)/std
```

前 2 条语句实现矩阵按列求得均值和方差。最后一条语句则实现每列减去自己的均值，然后除以对应的方差，语句相当简练。

9. 矩阵的常用函数

矩阵对象本身有很多辅助运算的函数，如 sum(元素和)、std(标准偏差)等。默认情况下，这些函数对矩阵所有元素进行。但由于矩阵具有行、列属性，因此，通过特别指定，这些函数也可以按行或列进行操作。而指定该操作的参数为 *axis*，当 *axis*=0 时，按列操作，*axis*=1 时，按行操作。例如：

视频讲解：python 矩阵计算—函数

```
>>> x=np.array([[1,2,3],[5,6,7]])
>>> x.sum()
24
>>> x.sum(axis=0)
array([ 6,  8, 10])
>>> x.sum(axis=1)
array([ 6, 18])
```

当选择了参数 *axis* 后，函数计算的过程按列或行进行，得到的结果仍然是一个 ndarray 对象。

8.1.4 奇异值分解与主成分分解

矩阵分解是将一个矩阵分解为多个有特殊性质矩阵的乘积，目的是简化计算，并获取矩阵中包含的信息。常见的矩阵分解方法包括 SVD(奇异值)、QR 分解等。本节着重讲解 SVD 分解及与 SVD 密切相关的主成分分解。

1. SVD 分解

实矩阵的 SVD 分解，将一个实矩阵分解为三个矩阵的乘积，其结果可以表达为：

$$\boldsymbol{A}=\boldsymbol{USV}$$

视频讲解：矩阵 SVD 分解及应用

其中 $\boldsymbol{S}$ 为对角矩阵，其每个对角线上的元素是矩阵的 $\boldsymbol{A}$ 的实奇异值，每个奇异值的平方则是特征值，从大到小排列，$\boldsymbol{U}$ 是列正交矩阵，且每个列的模为 1，$\boldsymbol{V}$ 是行正交矩阵。所谓列(行)正交，是指矩阵的任意两列(行)的对应元素的乘积之和为 0，也可以这么理解，$\boldsymbol{U}^{\mathrm{T}}\boldsymbol{U}$ 是一个单位矩阵 $\boldsymbol{I}$，维数是 $\boldsymbol{A}$ 矩阵的行，$\boldsymbol{V}^{\mathrm{T}}\boldsymbol{V}$ 也是单位矩阵 $\boldsymbol{I}$，维数为 $\boldsymbol{A}$ 矩阵的列。

numpy 对实矩阵 $\boldsymbol{A}$ 进行 SVD，生成的三个矩阵中，$\boldsymbol{S}$ 矩阵采用一维数据表达，其语句如下：

```
B = np.linalg.svd(A,full_matrices=False)
```

其中，full_matrices=False 一定要写，否则会按复数方式分解。

分解结果存储在 *B* 中，它是一个列表，只有 3 个元素，分别为：$\boldsymbol{U}$、$\boldsymbol{S}$、$\boldsymbol{V}$ 矩阵，例如：

```
>>> A=np.array([[1,5.0,3.0],[2.1,2.0,7.0]])
>>> Z=np.linalg.svd(A, full_matrices=False)
>>> Z[0]
array([[-0.58281835, -0.81260247],
       [-0.81260247,  0.58281835]])
>>> Z[1]
array([ 9.00833663,  3.35557316])  #奇异值
>>> Z[2]
array([[-0.25412944, -0.50389954, -0.82553224],
       [ 0.12257699, -0.86345179,  0.48931164]])
```

这里可以验证一个规律:**U** 矩阵的行数等于 **A** 矩阵的行数,**V** 矩阵的列数则等于 **A** 矩阵的列数,**S** 的元素个数是原矩阵 **A** 的秩,也就是特征值的数目。

numpy 库中提供的 SVD 分解可以计算得到奇异值,scipy 库对其进行了扩充,可以方便地获取方阵的特征值和特征向量。其操作如下面的代码:

```
>>> import numpy as np
>>> from scipy import linalg
>>> A = np.array([[1,2],[3,4]])
>>> la,v = linalg.eig(A)                    # la 为特征值,v 是特征向量
>>> l1,l2 = la
>>> print(l1, l2)                           # eigenvalues
(-0.372281323269+0j) (5.37228132327+0j)
>>> print(v[:,0])                           # first eigenvector
[-0.82456484  0.56576746]
>>> print(v[:,1])                           # second eigenvector
[-0.41597356 -0.90937671]
>>> print(np.sum(abs(v**2),axis=0))         #eigenvectors are unitary
[ 1.  1. ]
>>> v1 = np.array(v[:,0]).T
>>> print(linalg.norm(A.dot(v1)-l1*v1))     #check the computation   Ax=λx
3.23682852457e-16
```

上面代码直接使用 scipy 对 linalg 的扩展,使用其 eig 方法,求得方阵的特征值和特征向量,并将特征值、特征向量分别代入 $\boldsymbol{Ax}=\lambda\boldsymbol{x}$ 方程,对结果进行了验证。

可以证明，矩阵 $\boldsymbol{A}$ 奇异值的平方是其协方差矩阵的特征值，如下面代码所示：

```
import numpy as np
from scipy import linalg
A=np.array([[1,5.0,3.0],[2.1,2.0,7.0]])
Z=np.linalg.svd(A, full_matrices=False)
print(Z[1])
X=A.dot(A.T)
la,v = linalg.eig(X)
print(la)
```

程序的运行结果为：

```
[9.00833663 3.35557316]
[11.25987123+0.j 81.15012877+0.j]
```

可以发现，scipy 求得的特征值，正好是两个奇异值的平方（结果中次序颠倒）。

2. 主成分分析

SVD 分解将实矩阵 $\boldsymbol{X}$ 分解为：

$$\boldsymbol{X}=\boldsymbol{USV}$$

其中 $\boldsymbol{S}$ 的每个元素对应于一个实数奇异值，从大到小有序排列。从物理意义上讲，奇异值的大小，对应于独立信息的强弱。由于各种实验测量仪器都有较高的信噪比，故可以通过相邻奇异值的比值来判断信号和噪声，这样就可以确定前 n 个对应于独立信息的奇异值，这 n 个奇异值对应于 $\boldsymbol{U}$ 矩阵的前 n 列，$\boldsymbol{V}$ 矩阵的前 n 行。

程序：PCA 分解

在计量学领域如经济计量学，有一种分析方法被称为主成分分析（Principle Component Analysis，PCA），其实质与 SVD 分解类同，但它将每个数学上独立的信息称为一个主成分，追求物理意义上的解，而不是纯数学上的表达。

视频讲解：矩阵主成分分析

由于每个主成分都是数学上独立的一维，与其他信息都是正交的，所以主成分分析也经常用来降低空间的维数，即降维。

美国著名化学计量学研究者 B.R. Kowalski，将 PCA 算法用于矩阵分解，用如下的 2 个矩阵的乘积表达：

$$\boldsymbol{X}=\boldsymbol{TP}^{\mathrm{T}}$$

其中 $\boldsymbol{T}$ 是 $\boldsymbol{SVD}$ 分解中 $\boldsymbol{US}$ 的乘积，称为得分矩阵，$\boldsymbol{P}$ 是 $\boldsymbol{V}$ 的转置，称为载荷矩阵。采用这种表达方式的原因，是将每个主成分都表达在矩阵的列中。

因为 $\boldsymbol{P}$ 是列正交的矩阵，且每列的模为 1，$\boldsymbol{P}^{\mathrm{T}}\boldsymbol{P}$ 是单位阵，所以有：

$$\boldsymbol{T}=\boldsymbol{XP}$$

也就是说，得分矩阵 $\boldsymbol{T}$ 是原始矩阵 $\boldsymbol{X}$ 在 $\boldsymbol{P}$ 所形成的空间中的投影，属于 $\boldsymbol{X}$ 的一种线性

变换。

由于可以通过比较奇异值的大小来确定有效信息，而 $\boldsymbol{T}$ 又是 $\boldsymbol{X}$ 的线性变换，所以可以取 $\boldsymbol{T}$ 的前 n 列代替 $\boldsymbol{X}$，而不会导致有效信息的丢失。

视频讲解：PCA 独立组分验证例子

8.1.5　矩阵奇异值分析的应用

矩阵的秩，对应于矩阵的独立信号源，如果可以分辨噪声，则矩阵的有效秩分析有其物理意义。这里以分析环境监控测量的仪器分析数据为例，通过 SVD 分解或主成分分析，求解其量测矩阵的有效秩数，以此来判断环境监测样品中的污染物数量。

图 8.1.1 是环境监测样本经过色谱—二极管阵列检测器获得的数据，经过 excel 制图所得的图形。

该数据是一个 30×30 的矩阵，可以通过下面代码，用 SVD 分解求取其所有的奇异值。

```
import numpy as np
A=np.loadtxt (" mix_2.txt")
B = np.linalg.svd(A)
lamda=B[1]
print(lamda)
```

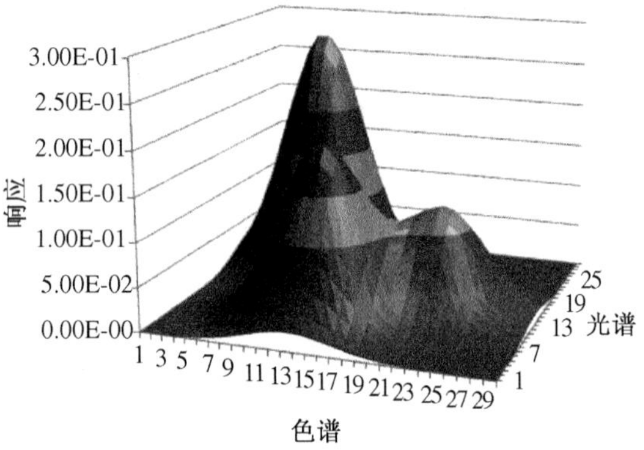

图 8.1.1　环境监测数据的三维曲面图

程序运行结果如下：

```
[  2.15161269e+00   1.05390680e+00   4.56283440e-01   1.66708386e-02
   1.35967587e-02   1.24015141e-02   1.13980252e-02   1.10542845e-02
   1.08529699e-02   1.04291078e-02   9.22815199e-03   8.70307124e-03
   8.19399840e-03   8.02912448e-03   7.44376485e-03   7.10337395e-03
   6.25483051e-03   6.19978115e-03   5.31922925e-03   4.90022273e-03
   4.68893146e-03   3.31606226e-03   3.27887784e-03   2.57445056e-03
   2.16089683e-03   1.70161864e-03   1.29721798e-03   9.41540581e-04
   5.50835995e-04   2.32174353e-05]
```

程序共求出 30 个奇异值。从这些奇异值中，很难一下子得出结论。但如果我们考虑到仪器信号测量的特点：实测信号是仪器响应与噪声的叠加，仪器响应信号应该远远大于噪声。由此，可以将相邻奇异值作比值运算处理：

```
for i in range(len(lamda)-1):
    print(lamda[i]/lamda[i+1])
```

得到的结果如下：

2.04155877987	2.30976342916	27.3701551555	1.22608917534
1.09637892694	1.08804058552	1.03109570247	1.01854926428
1.04064222046	1.13014044457	1.06033281078	1.06212752528
1.02053448285	1.07863757637	1.04791960871	.13566210084
1.00887924103	1.16554125784	1.08550764826	1.04506171088
1.41400585676	1.01134059360	1.27362237837	1.19138059661
1.26990664935	1.31174457476	1.37776109026	1.70929385356

从相邻奇异值比值表中可以看到一个突跃点：27.37，它是第三/第四奇异值的比值。意味着：当提取了三个奇异值之后，后续的奇异值之间的大小相差很小，它符合随机噪声的规律。而该比值，正应该对应于仪器的信噪比，从而可以判断体系中有 3 种污染物质。

8.1.6 多元线性回归及案例

视频讲解：线性回归模型的矩阵运算规则

很多学科都有建模需求，以验证某种科学规律。这些科学规律，有一部分符合线性模型，可以表达为如下方程：

$$y = a_0 + a_1 x_1 + \cdots + a_i x_i + \cdots a_n x_n$$

当我们通过一些科学试验，得到了一组 y 和对应的 x_i 值之后，接下来的任务是求取系数 a_i。该类问题就是线性建模。

1. 一元线性回归

一元线性回归模型可以用下述方程表达：

$$y = a_0 + a_1 x$$

视频讲解：一元线性回归

当经过实验测定了 n 个实验点 (x_i, y_i) 后，在 Excel 中，通过制作"散点图"并模拟线性趋势，可以很容易求解出一条直线方程。

二维空间中的两个点可唯一决定一条直线。上述问题中，当实验点多于两个时，对直线拟合方程的求解就变成了一个优化问题，其准则是优化参数 a_0 和 a_1，使得通过拟合的直线方程预测的值 $\hat{y}$ 与实验值 y 间的差异平方和最小，即满足：

$$\min\left(\sum (y_i - \hat{y}_i)^2\right) = \min\left(\sum_{i=1}^{n} (y_i - a_1 x_i - a_0)^2\right)$$

根据高等数学中的极值理论，可将上式分别对 a_1 和 a_0 求偏导，得到两个偏微分方程，并令偏导数为 0，如下式所示：

$$\frac{\partial \sum_{i=1}^{n} (y_i - a_1 x_i - a_0)^2}{\partial a_1} = 2\sum_{i=1}^{n} (y_i - a_1 x_i - a_0)(-x_i) = 0$$

$$\frac{\partial \sum_{i=1}^{n} (y_i - a_1 x_i - a_0)^2}{\partial a_0} = 2\sum_{i=1}^{n} (y_i - a_1 x_i - a_0)(-1) = 0$$

上述两式可约简为：

$$\sum_{i=1}^{n} x_i y_i - a_1 \sum_{i=1}^{n} x_i^{\ 2} - a_0 \sum_{i=1}^{n} x_i = 0$$

$$\sum_{i=1}^{n} y_i - a_1 \sum_{i=1}^{n} x_i - n a_0 = 0$$

联合上述两式即可求得参数 a_0 和 a_1。

上述简单的一元线性回归也可以表达成矩阵的形式如下：

$$\begin{pmatrix} 1 & x_1 \\ 1 & x_2 \\ \vdots & \vdots \\ 1 & x_n \end{pmatrix} \begin{pmatrix} a_0 \\ a_1 \end{pmatrix} = \begin{pmatrix} y_1 \\ y_2 \\ \vdots \\ y_n \end{pmatrix}$$

或写成

$$\boldsymbol{y} = \boldsymbol{X}\boldsymbol{a}$$

因此可以采用矩阵运算的理论求解系数向量 $\boldsymbol{a}$ 如下：

$$\boldsymbol{a} = (\boldsymbol{X}^{\mathrm{T}}\boldsymbol{X})^{-1}\boldsymbol{X}^{\mathrm{T}}\boldsymbol{y}$$

在实际编程实现中，根据 numpy 提供的矩阵计算类库，采用矩阵运算求解通用性更好，因为它和多元线性回归的求解是一致的。

2. 多元线性回归

视频讲解：多元线性回归 MLR

多元线性回归指的是受多个变量线性影响的多个函数，形成一组线性方程，可表达如下：

$$\begin{cases} y_1 = a_{10} + a_{11} x_1 + a_{12} x_2 + \cdots + a_{1n} x_n \\ y_2 = a_{20} + a_{21} x_1 + a_{22} x_2 + \cdots + a_{2n} x_n \\ \quad \vdots \\ y_m = a_{m0} + a_{m1} x_1 + a_{m2} x_2 + \cdots + a_{mn} x_n \end{cases}$$

其中 $y_1, y_2, \cdots, y_m$ 是 m 个随变量 $x_1, x_2, \cdots, x_n$ 变化的函数。

假设进行了 k 次实验，第 i 次实验时，变量 $x_1, x_2, \cdots, x_n$ 的取值为 $x_{1i}, x_{2i}, \cdots, x_{ni}$，而 m 个函数 $y_1, y_2, \cdots, y_m$ 的取值分别为 $y_{1i}, y_{2i}, \cdots, y_{mi}$。则可以将 k 次实验的数据按函数公式写成如下的矩阵形式：

$$\begin{pmatrix} 1 & x_{11} & \cdots & x_{n1} \\ 1 & x_{12} & \cdots & x_{n2} \\ 1 & \vdots & \vdots & \vdots \\ 1 & x_{1k} & \cdots & x_{nk} \end{pmatrix} \begin{pmatrix} a_{10} & a_{20} & \cdots & a_{m0} \\ a_{11} & a_{21} & \cdots & a_{m1} \\ \vdots & \vdots & \vdots & \vdots \\ a_{1n} & a_{2n} & \cdots & a_{mn} \end{pmatrix} = \begin{pmatrix} y_{11} & y_{21} & \cdots & y_{m1} \\ y_{12} & y_{22} & \cdots & y_{m2} \\ \vdots & \vdots & \vdots & \vdots \\ y_{1k} & y_{2k} & \cdots & y_{mk} \end{pmatrix}$$

用矩阵形式表达如下：

$$Y = XA$$

因此，系数矩阵 **A** 求解公式如下：

$$A = (X^{T}X)^{-1}X^{T}Y$$

所以，通过比较，如果将向量看作是只有一行（列）的矩阵，则一元线性回归和多元线性回归是一致的。

在求得系数矩阵 **A** 之后，对于新的测量矩阵 **X**，其预测结果可以按下面公式计算：

$$Y_{new} = X_{new}A$$

3. 数据模拟方法

数据模拟在 Excel 中很容易实现，可在 Excel 中用随机数来完成这个任务。对一元线性方程

$$y = 3.5 + 2.2x$$

产生模拟数据的具体操作如下：

设定 A、B 两列的第一行标题为 x、y，然后在 A2 单元格中输入：=10 * rand()，在 B2 单元格中输入：=3.5+2.2 * A2+RAND()/5。

其中 B 列的最后项 rand()/5，负责给模拟的数据添加适量的噪声。操作如图 8.1.2 所示：

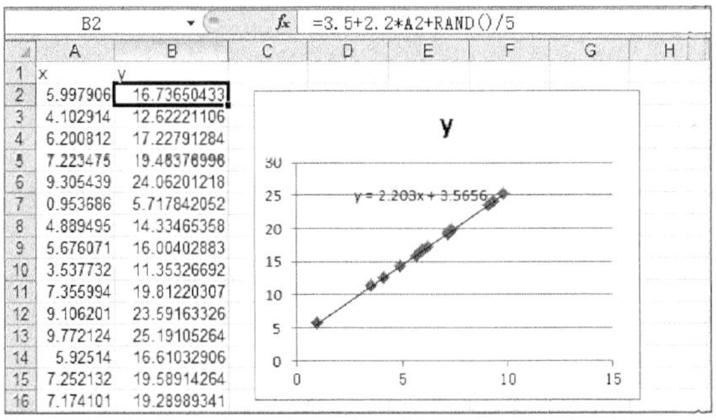

图 8.1.2 模拟的一元线性回归数据及其趋势线

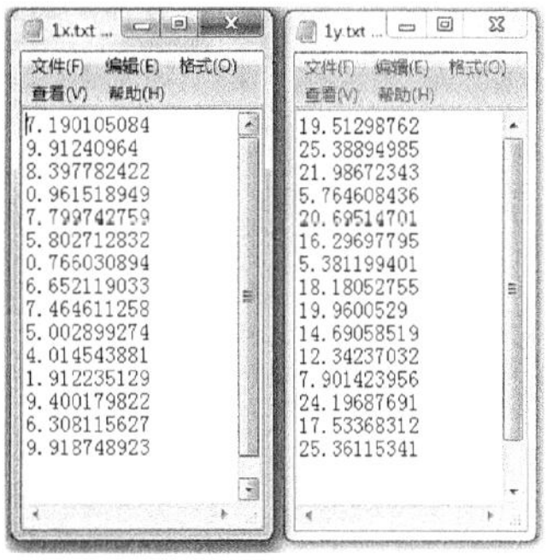

图 8.1.3 模拟的一元线性回归数据整理为文件

将 x 列和 y 列的数据同时选中，以值拷贝的形式，拷贝到 excel 的其他 sheet 中，然后在新 sheet 中，再分别将 x 列和 y 列拷贝到磁盘文件 1x.txt 和 1y.txt 文件中。如图 8.1.3 所示。

多元线性数据的模拟可采用同样的思路，例如模拟线性方程组：

$$y_1 = 1.2\ x_1 + 0.9\ x_2 + 3.3\ x_3$$
$$y_2 = 0.7\ x_1 + 1.8\ x_2 + 2.3\ x_3$$
$$y_3 = 0.4\ x_1 + 0.7\ x_2 + 4.9\ x_3$$

选定 A、B、C 列分别存储 x_1、x_2、x_3，该 3 列全部采用公式：=10 * RAND()产生随机数；然后采用上述方程组公式，分别在 E、F、G 三列产生 y_1、y_2、y_3 的模拟数据，数据中可适当加入噪声，噪声的规模在 10%以内，保证计算时线性关系不被破坏。如图 8.1.4 Excel 中产生的数据。

G2　　=0.4*A2+0.7*B2+4.9*C2

	A	B	C	D	E	F	G
1	x1	x2	x3		y1	y2	y3
2	2.976175	9.938642	2.376667		20.06157	25.43921	19.79319
3	2.049403	0.721819	1.235307		6.980493	5.575063	7.378039
4	7.728946	2.972039	1.398933		15.79315	13.97748	12.02678
5	6.05821	9.938868	2.652484		24.36221	28.23142	22.37766
6	6.507962	4.183339	1.004976		14.24018	14.39703	10.4559
7	5.982656	5.961075	8.253597		39.18276	33.90107	47.00844
8	4.175308	0.4825	4.694067		20.51751	14.58757	25.0088
9	5.085278	6.125684	0.766027		13.63481	16.34779	10.07562
10	8.449361	7.172624	6.517601		37.25774	33.81576	40.33683
11	3.826362	5.956797	9.654729		41.43072	35.60656	53.00848
12	1.328005	3.100149	7.153957		27.859	22.96397	37.7557
13	0.29667	0.666613	8.399045		28.64314	20.72538	41.74062
14	7.748759	4.76795	3.974417		25.93037	23.1476	25.91171
15	0.157122	9.328003	4.278477		22.68701	26.74089	27.55699

图 8.1.4　线性方程组的模拟数据

从模拟得到的数据数量级看（y_1，y_2，y_3），在每列的公式中增加一项 rand()是合适的（rand 的量级为 10^{-1}），如修改为，y_3=0.4 * A2+0.7 * B2+4.9 * C2+Rand()，其误差应该在 5%以内。

数据产生完毕后，按一元线性回归中所述的方法将数据分别拷贝到两个文件中，命名为 mx.txt 和 my.txt 中，如图 8.1.5 所示。

mx.txt - 记事本

2.976175413	9.938641998	2.376667046
2.049402818	0.721819358	1.235306928
7.728945702	2.972039166	1.398932599
6.058209687	9.938867729	2.652483999
6.507961784	4.183339494	1.004975639
5.982656117	5.961075302	8.253597452
4.17530774	0.482500115	4.694066851
5.085277959	6.125683617	0.766026689
8.449361323	7.17262425	6.517601151
3.826361613	5.956796722	9.654729147
1.328004948	3.100149142	7.153956938
0.296670128	0.666613299	8.399045362
7.74875866	4.767949809	3.974417227
0.157122383	9.328003113	4.278476901

my.txt - 记事本

20.061572	25.43921259	19.79318809
6.980493382	5.57506275	7.378038622
15.7931531	13.97747747	12.02677543
24.36220881	28.23142189	22.37766288
14.24018311	14.39702831	10.45590299
39.18276109	33.90106897	47.00844268
20.51750923	14.58756938	25.00880075
13.63480908	16.34778647	10.07562049
37.25774308	33.81575922	40.33682714
41.43072101	35.60656427	53.00847517
27.85899757	22.96397288	37.75569537
28.64313881	20.72537736	41.74061964
25.9303662	23.14760034	25.91171274
22.6870112	26.74088814	27.55698795

图 8.1.5　Excel 中模拟的数据形成文本数据文件

有了建模的数据文件后，可以尝试用 numpy 库求解对应的回归系数。

4. 利用 numpy 求解线性回归

根据线性回归的求解公式，利用 numpy 求解多元线性回归方程的思路可描述如下：

① 读入矩阵 $\boldsymbol{X}$；

② 读入矩阵 $\boldsymbol{Y}$；

③ 利用 $\boldsymbol{A}=(\boldsymbol{X}^{\mathrm{T}}\boldsymbol{X})^{-1}\boldsymbol{X}^{\mathrm{T}}\boldsymbol{Y}$ 计算系数矩阵 $\boldsymbol{A}$。

设 $\boldsymbol{X}$、$\boldsymbol{Y}$ 矩阵分别存放在 C:\mx.txt 和 C:\my.txt 文件中，Python 程序代码如下：

```
import numpy as np
# 从文件读取，获得 X、Y 矩阵
X=np.loadtxt (r"c:\mx.txt")
Y=np.loadtxt (r"c:\my.txt")
oneCol=np.ones(X.shape[0])
X=np.c_[oneCol,X]      #将原来的 X 加一列，元素都是 1，以求截距
#按 A=(X^T X)^-1 X^T Y 求解
Xt=X.T
XtX=Xt.dot(X)
inv = np.linalg.inv(XtX)
temp =inv.dot(Xt)
a=temp.dot(Y)
print(a.round(4))
```

程序的运行结果如下：

```
[[ 0.   -0.   -0. ]
 [ 1.1  0.7  0.4]
 [ 0.9  1.8  0.7]
 [ 3.3  2.3  4.9]]
```

对照前面模拟过程给定的方程组，可以发现程序输出的第一列，正是函数 y_1 的方程，后续依次对应 y_2 和 y_3。由于 3 个方程的截距都为 0，所以输出的第一行全为 0。

可以采用面向对象的编程方法，在 $\boldsymbol{X}$、$\boldsymbol{Y}$ 矩阵已知的情况下，将多元线性回归编写成一个类 MLR，存储在 MLR.py 文件中，类代码如下：

程序：MLR

```
import numpy as np
class MLR:
    def __init__(self,X,Y):
        self.X=X
        self.Y=Y
    deffit(self):  # 根据公式求解回归系数
        Xt= self.X.T
        XtX=np.dot (Xt,self.X)
        XtXinv = np.linalg.inv(XtX)
        temp = np.dot(XtXinv,Xt)
        A = np.dot(temp,self.Y)
```

```
        self.A=A
    def outputCoef(self):
        A=self.A
        size=self.A.shape
        for i in range(size[0]):
            for j in range(size[1]):
                print(A[i][j],"\t",end="")
            print()
    def predict(self,X):
        Y = np.dot(X,self.A)
        return Y
```

调用上述 MLR 类的主程序代码如下：

```
import numpy as np
from MLR import MLR
X=np.loadtxt("c:\mx.txt")
oneCol=np.ones(X.shape[0])
X=np.c_[oneCol,X]      #将原来的 X 加一列，元素都是 1，以求截距
Y=np.loadtxt("c:\my.txt")
mlr=MLR(X,Y)
mlr.fit()
mlr.outputCoef()
```

5. 灰色系统预测 GM(1,1)模型

视频讲解：灰色系统预测 GM(1,1)模型的 MLR 求解

灰色系统是指系统的部分信息已知道，但又有一些未知的信息，在科学研究中最常见。灰色系统的预测则是指在已有经验的基础上，对系统将来的发展做出预测的过程，其中灰色预测模型 GM(1,1)是被普遍认可的关于一个变量、一阶微分的模型。

GM(1,1)灰色预测模型的原理及实现可以简单描述如下：

① 设系统初态时，已知原始数据序列如下：

$$x^{(0)}=(x^{(0)}(1),\ x^{(0)}(2),\cdots,\ x^{(0)}(n))$$

② 将原始数据累加，消除或弱化随机干扰，得到新的数据序列：

$$x^{(1)}=(x^{(1)}(1),\ x^{(1)}(2),\cdots,\ x^{(1)}(n))$$

其中新数据序列的每一项按下式计算：

$$x^{(1)}(t)=\sum_{k=1}^{t}x^{(0)}(k),t=1,2,\cdots,n$$

具体而言，新数据序列的每项是其前几项的累加和。

③ 依据序列 $x^{(1)}$ 建立一阶线性微分方程：

$$\frac{\mathrm{d}x}{\mathrm{d}t}+ax=u$$

其中 a 和 u 分别称为发展系数和灰色作用量，为待求解的参数。

④ GM(1,1)采用如下的方式求解参数 a 和 u：

$$\begin{pmatrix} -\frac{1}{2}(x^{(1)}(1)+x^{(1)}(2)) & 1 \\ \vdots & \vdots \\ -\frac{1}{2}(x^{(1)}(n-1)+x^{(1)}(n)) & 1 \end{pmatrix}\begin{pmatrix} a \\ \\ u \end{pmatrix}=\begin{pmatrix} x^{(0)}(2) \\ \vdots \\ x^{(0)}(n) \end{pmatrix}$$

上式通过符号约定，可以简写为 $\boldsymbol{Ba}=\boldsymbol{y}$。其中 $\boldsymbol{B}$ 为左侧的矩阵，向量 $\boldsymbol{a}$ 由参数 a 和 u 组成，$\boldsymbol{y}$ 则是等式右边的向量。因为求导需要相邻的两项数据，所有等式右侧的向量从第二项开始。

这是一个多元线性回归问题，可以调用 MLR 类快速求解参数 a 和 u。

⑤ 将求得的参数代入微分方程 $\frac{\mathrm{d}x}{\mathrm{d}t}+ax=u$，求解 x，得到结果如下：

$$\hat{x}^{(1)}(t+1)=\left(x^{(0)}(1)-\frac{u}{a}\right)\mathrm{e}^{-at}+\frac{u}{a}$$

也就是说，对 $x^{(1)}$ 序列在 $(t+1)$ 时刻的值的估计，可以通过 $x(0)$ 序列及参数 a 和 u 完成。

案例：已知某公司 2005—2014 年的利润分别为(单位：元/年)：

(89677，99215，109655，120333，135823，159878，182321，209407，246619，300670)，请预测该公司后续两年的利润。

根据 GM(1,1)计算理论，编写 Python 程序如下：

```
import numpy as np
from MLR import MLR
x0=np.array([89677,99215,109655,120333,135823,159878,182321,209407,246619,300670])
x1=np.cumsum(x0)
B=[-(x1[i]+x1[i+1])/2.0 for i in range(len(x1)-1) ]
B=np.array(B)
oneCol=np.ones(B.shape[0])
B= np.c_[B,oneCol]
y=x0[1:]
mlr=MLR(B,y)
mlr.modelling()
```

程序：
灰色系统预测

```
a=mlr.A[0]
u=mlr.A[1]
x1hat=[]
for k in range(1,len(x0)+3):           # 预测后两年,因 range 右开区间,所以+3
    x1hat.append((x0[0]-u/a) * np.exp(-a * (k-1))+u/a)
x0hat=[x1hat[i+1]-x1hat[i] for i in range(len(x1hat)-1) ]         # 预测的是累加值,要减去
x0hat.insert(0,x0[0])
print(x0hat)
```

程序的运行结果如下：

```
[89677, 89347, 103393, 119646, 138454, 160218, 185405, 214550, 248277, 287305, 332469,
384732]
```

即该公司后续两年的利润预测分别为:332469，384732。

8.1.7 主成分回归及案例

1. 多元线性回归陷阱

视频讲解：
PCR 算法原理

在具体描述主成分回归之前,先回顾一下多元线性方程组的建模求解公式：

$$\boldsymbol{A}=(\boldsymbol{X}^{\mathrm{T}}\boldsymbol{X})^{-1}\boldsymbol{X}^{\mathrm{T}}\boldsymbol{Y}$$

在上述求解公式中,存在着矩阵求逆过程$(\boldsymbol{X}^{\mathrm{T}}\boldsymbol{X})^{-1}$,这是问题求解的关键因素。可以作这样的假设:如果 $\boldsymbol{X}$ 有 n 行 m 列,则 $\boldsymbol{X}^{\mathrm{T}}\boldsymbol{X}$ 是 m 行 m 列的方阵。从线性代数的理论中可知,为使逆存在,$\boldsymbol{X}^{\mathrm{T}}\boldsymbol{X}$ 必须满秩。因矩阵 $\boldsymbol{X}$ 的秩最大只可能为 n 和 m 的小者,所以,要使 $\boldsymbol{X}^{\mathrm{T}}\boldsymbol{X}$ 满秩,必须满足 $m<=n$。

矩阵的组成中,以行代表样本,以列代表每个样本测量属性(自变量),则意味着,为使方程可解,参与实验的样本数,必须大于测量变量数,且样本间不线性相关。这一要求,在有些研究领域中容易满足,但也有些研究领域难以满足。例如,在中医药研发领域,以红外光谱测量样本的性质。此时,由于一个样本可以在非常多的波长下测量(变量很多),因此,从一个样本中,就可以测量到很多信息。此种情形意味着,实验样本难以准备(n 小),而从样本中获取信息则变得容易(m 大)。所以在形成的矩阵 $\boldsymbol{X}$ 中,m 会远远大于 n,从而导致 $\boldsymbol{A}=(\boldsymbol{X}^{\mathrm{T}}\boldsymbol{X})^{-1}\boldsymbol{X}^{\mathrm{T}}\boldsymbol{Y}$ 无法求解,这就是多元线性回归在解决实际专业问题中存在的一些缺陷。

还有一种情形使得多元线性回归难以实现,即变量间的相关,它也会导致矩阵的逆不存在,使 MLR 建模失败。

2. 主成分回归

在 8.1.4 主成分分析一节提到,PCA 有能力获取矩阵中包含的独立信息,实现线性相关的信息合并,并且得分矩阵 $\boldsymbol{T}$ 是原矩阵在低维度的独立量张开的正交空间的线性变换。因此可以将前面多元线性回归的方程。

$$\boldsymbol{Y}=\boldsymbol{X}\boldsymbol{A}$$

改写为：

$$\boldsymbol{Y}=\boldsymbol{T}\boldsymbol{A}$$

因为建立回归模型前，已经对原始矩阵 $\boldsymbol{X}$ 进行了 PCA 分解，并使用得分矩阵 $\boldsymbol{T}$ 代替原始矩阵 $\boldsymbol{X}$ 参与回归，故被称为主成分回归（Principle Component Regression，PCR）。

由此求解回归系数 $\boldsymbol{A}$ 如下：

$$\boldsymbol{A}=(\boldsymbol{T}^{\mathrm{T}}\boldsymbol{T})^{-1}\boldsymbol{T}^{\mathrm{T}}\boldsymbol{Y}$$

$\boldsymbol{T}$ 是列正交的矩阵，且只取了原始矩阵的独立信息而去除了线性相关部分，所以 $(\boldsymbol{T}^{\mathrm{T}}\boldsymbol{T})^{-1}$ 必定存在，从而保证方程有解。

在求得 $\boldsymbol{A}$ 后，由于 $\boldsymbol{T}=\boldsymbol{X}\boldsymbol{P}$，所以原始表达式可改写成：

$$\boldsymbol{Y}=\boldsymbol{T}\boldsymbol{A}=\boldsymbol{X}\boldsymbol{P}\boldsymbol{A}=\boldsymbol{X}(\boldsymbol{P}\boldsymbol{A})=\boldsymbol{X}\boldsymbol{C}$$

记录最终得到的系数矩阵 $\boldsymbol{C}$，对未知函数值的测量矩阵 $\boldsymbol{X}_{\text{new}}$，可直接对其预报如下：

$$\boldsymbol{Y}_{\text{new}}=\boldsymbol{X}_{\text{new}}\boldsymbol{C}$$

3. 主成分回归程序

从前面的原理描述中可以发现，主成分回归可以分为两个步骤，第一步是对自变量矩阵进行主成分分解，得到得分矩阵 $\boldsymbol{T}$，这可以借助 numpy 的 SVD 分解完成；第二步是得分矩阵 $\boldsymbol{T}$ 与函数的多元线性回归，可用 MLR 类实现。

视频讲解：PCR算法程序

PCA 类接受传递进来的矩阵 $\boldsymbol{X}$，分解得到得分 $\boldsymbol{T}$ 和载荷 $\boldsymbol{P}$，代码存储在 PCA.py 文件中，定义如下：

程序：PCA

```
import numpy as np
class PCA:
    def __init__(self,X):
        self.X=X
    def SVDdecompose(self):
        B = np.linalg.svd(self.X,full_matrices=False)
        U=B[0]
        lamda=B[1]
        V = B[2]
        i=len(lamda)
        S=np.zeros ((i,i))
        S[:i,:i]=np.diag (lamda)
        self.T = np.dot (U,S)
        V=V.T
        self.P = V
```

```
        compare=[]
        for i in range(len(lamda)-1):
            temp = lamda[i]/lamda[i+1]
            compare.append(temp)
        return compare            # 返回邻近奇异值的比值,用于确定主成分数
    def PCAdecompose(self,k):        # 给定独立信息数 k,整理得到去除噪声后的得分矩阵 T 和载
荷矩阵 P
        T = self.T[:,:k]
        P = self.P[:,:k]
        return T,P
```

上面 PCA 类中,SVDdecompose 方法返回一个列表,它记录了矩阵相邻奇异值的比值。通过它,可以有效地判别独立信息数(即主成分数)k。在确定 k 的前提下,可以继续调用 PCAdecompose 方法获得由独立信息组成的得分矩阵 $\boldsymbol{T}$ 和载荷矩阵 $\boldsymbol{P}$。

在 PCA 类、MLR 类的支持下,编写主成分回归 PCR 类如下(存储在文件 PCR.py):

程序:PCR

```
import numpy as np
from PCA import PCA
from MLR import MLR
class PCR:
    def __init__(self,X,Y):
        self.X=X
        self.Y=Y
    def confirmPCs(self):
        self.pca=PCA(self.X)
        compare=self.pca.SVDdecompose()
        return compare
    def model(self,PCs):
        T,P=self.pca.PCAdecompose(PCs)
        mlr=MLR(T,self.Y)
        mlr.modelling()
        self.A=np.dot(P,mlr.A)
    def predict(self,Xnew):
        ans = np.dot(Xnew,self.A)
        return ans
```

PCR 类的 confirmPCs 方法,调用了 PCA 类的 SVDdecompose 方法,以确定主成分数;model 方法利用确定的主成分数,获取得分矩阵 $\boldsymbol{T}$ 和载荷矩阵 $\boldsymbol{P}$,然后用 $\boldsymbol{T}$ 和 $\boldsymbol{Y}$,调用 MLR 类建模,求得回归系数 A。最后,为 PCR 类编写了 predict 方法,用于对未知样本进行预测,得到未知样本的函数值。

4. 案例：主成分回归用于光谱定量分析

某同学在进行色素实验时，配置了 6 个三种色素（日落黄、柠檬黄、胭脂红）的混合物溶液，并在 18 个波长下测定这 6 个混合物的紫外光吸收值，测得数据及混合物的浓度分别存放在两个文本文件中，数据如图 8.1.6 所示：

视频讲解：PCR算法应用

程序：光谱 PCR

S-093790.txt - 记事本
文件(F) 编辑(E) 格式(O) 查看(V) 帮助(H)

```
0.655 0.341 0.374 0.563 0.362 0.299
0.753 0.389 0.427 0.648 0.417 0.344
0.822 0.423 0.465 0.711 0.459 0.377
0.871 0.449 0.496 0.761 0.495 0.410
0.899 0.470 0.523 0.790 0.524 0.438
0.906 0.499 0.557 0.791 0.542 0.464
0.902 0.538 0.606 0.776 0.563 0.502
0.846 0.568 0.652 0.722 0.584 0.554
0.781 0.603 0.706 0.671 0.613 0.616
0.693 0.614 0.735 0.610 0.637 0.673
0.548 0.574 0.709 0.525 0.635 0.702
0.439 0.534 0.677 0.470 0.635 0.719
0.371 0.490 0.635 0.443 0.624 0.714
0.257 0.374 0.507 0.397 0.570 0.651
0.120 0.224 0.337 0.334 0.484 0.551
0.040 0.126 0.217 0.265 0.388 0.440
```

(a) 吸光值数据，每列一个样本

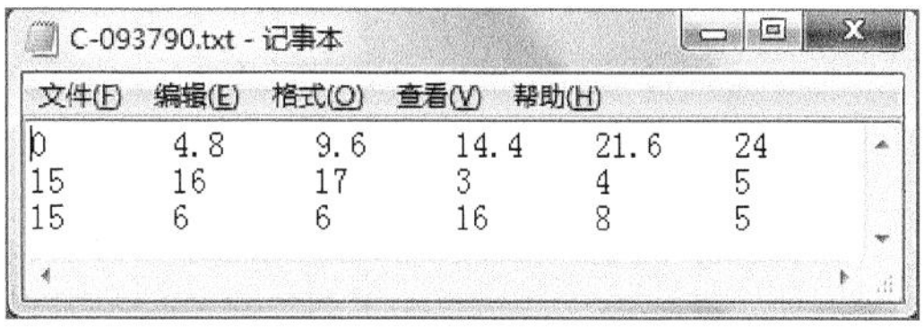
C-093790.txt - 记事本
文件(F) 编辑(E) 格式(O) 查看(V) 帮助(H)

```
0    4.8   9.6   14.4   21.6   24
15   16    17    3      4      5
15   6     6     16     8      5
```

(b) 浓度数据，每列一个样本

图 8.1.6 色素混合物的吸光值和对应混合物浓度数据

根据朗伯-比尔定律，浓度与吸光值为线性关系。但由于所测数据矩阵有 6 个独立样本，18 个测量量，因而不适合使用多元线性回归求解，请调用 PCR 类，编程求解模型的回归系数。

解：调用前面编写的 PCR 类，求解的程序代码如下：

```
import numpy as np
from PCR import PCR
S=np.loadtxt("E:\teach\Python\S-093790.txt")
S=S.T
# 转置的原因是原始数据中，以列为单位保存数据，而 PCR 计算时，采用行为单位，即一行一个样本
C=np.loadtxt("E:\teach\Python\C-093790.txt")
C=C.T
# C 转置的原因同 S
pcr=PCR(S,C)
print("相邻奇异值比值")
compare = pcr.confirmPCs()
print(compare)  # 输出相邻奇异值的比值
k=int(input("确定主成分数:"))
pcr.model(k)
# 建立模型
print("回归系数",pcr.A)
ans=pcr.predict(S)
print("自身预报结果",ans)
```

程序的运行结果如下：

```
相邻奇异值比值
[4.964, 3.377, 101.194, 1.470, 1.969]
确定主成分数:3
回归系数 [[  1.16649011  -2.76098726   3.29603988]
          [  1.78011593  -3.70787624   3.93809283]
          [  2.54686889  -4.7477505    4.48899204]
          [  3.67583689  -6.04687227   4.99864846]
          [  4.13677997  -6.3799145    5.1225941 ]
          [  2.02358363  -3.38405464   4.18141808]
          [ -1.68145271   1.8915455    2.45996949]
          [ -5.17451308   7.69848078   0.19648201]
          [ -8.2839595   13.31897407  -2.11015219]
          [ -8.91961308  16.04591365  -3.70917779]
          [ -5.38674533  13.73152746  -4.06614048]
          [ -0.97915456   9.76985506  -3.67703904]
          [  3.59559424   4.75604659  -2.62339387]
          [ 13.57769977  -7.46835769   0.49917481]
          [ 24.89146327 -21.77701966   4.26619266]
          [ 27.49820785 -26.17042067   5.58554333]]
自身预报结果 [[ -0.06482929  15.16848453  15.77617688]
              [  4.72195684  15.94028422   5.4415903 ]
              [  9.73796432  16.88382971   5.75674405]
              [ 14.54251391   2.83399004  15.20799037]
              [ 21.34651677   3.9913035    8.12677709]
              [ 24.09790459   5.16698557   5.57546436]]
```

在程序输出“相邻奇异值比值”后，可以发现第三个值为 101，是一个突跃点。由此可以确定体系中的独立信息为 3(对应于体系中有 3 种物质)。所以取 3 个主成分进行建模，并输出了模型的回归系数。为检验模型的可靠度，程序用建立的模型对自身进行了预报，将预报结果对照图 8.1.6(b)的浓度数据(两者存在一个转置)，可以发现数据中存在着一定的误差。

5. 金融指数回归分析

本节采用互联网金融大数据，利用 pandas 的建模分析方法，建立上证指数与指数基金股价的回归分析，操作如下：

从证券网上交易系统(可从证券网站免费下载)下载上证指数(编号 999999)所有日线交易数据，再下载 50ETF 指数基金的所有日线交易数据，以 excel 文件格式存储。打开下载后的文件，保留其基础数据，存储为 csv 格式。得到的结果文件截图如图 8.1.7 所示：

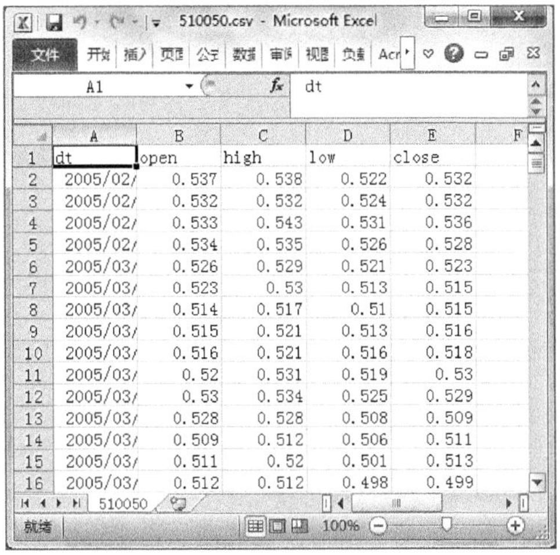

	A	B	C	D	E
1	dt	open	high	low	close
2	2005/02/	0.537	0.538	0.522	0.532
3	2005/02/	0.532	0.532	0.524	0.532
4	2005/02/	0.533	0.543	0.531	0.536
5	2005/02/	0.534	0.535	0.526	0.528
6	2005/03/	0.526	0.529	0.521	0.523
7	2005/03/	0.523	0.53	0.513	0.515
8	2005/03/	0.514	0.517	0.51	0.515
9	2005/03/	0.515	0.521	0.513	0.516
10	2005/03/	0.516	0.521	0.516	0.518
11	2005/03/	0.52	0.531	0.519	0.53
12	2005/03/	0.53	0.534	0.525	0.529
13	2005/03/	0.528	0.528	0.508	0.509
14	2005/03/	0.509	0.512	0.506	0.511
15	2005/03/	0.511	0.52	0.501	0.513
16	2005/03/	0.512	0.512	0.498	0.499

50ETF 日线数据

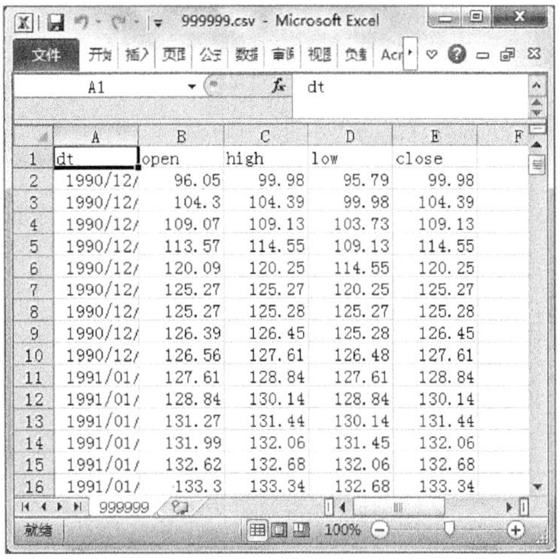

	A	B	C	D	E
1	dt	open	high	low	close
2	1990/12/	96.05	99.98	95.79	99.98
3	1990/12/	104.3	104.39	99.98	104.39
4	1990/12/	109.07	109.13	103.73	109.13
5	1990/12/	113.57	114.55	109.13	114.55
6	1990/12/	120.09	120.25	114.55	120.25
7	1990/12/	125.27	125.27	120.25	125.27
8	1990/12/	125.27	125.28	125.27	125.28
9	1990/12/	126.39	126.45	125.28	126.45
10	1990/12/	126.56	127.61	126.48	127.61
11	1991/01/	127.61	128.84	127.61	128.84
12	1991/01/	128.84	130.14	128.84	130.14
13	1991/01/	131.27	131.44	130.14	131.44
14	1991/01/	131.99	132.06	131.45	132.06
15	1991/01/	132.62	132.68	132.06	132.68
16	1991/01/	133.3	133.34	132.68	133.34

上证指数日线数据

图 8.1.7　从证券网站下载得到的上证指数和 50etf 数据

我们的目的是利用 pandas 的数据处理功能，考察两个指数日线收益率之间的关系是否符合线性。

从图 8.1.7 中看到，由于指数基金建立的日期较晚，所以两者之间的日期不对应，上证是从 1990 年开始，而 50ETF 则是从 2005 年开始，因此，需要将两者的日期统一起来。利用 pandas 的 join 函数，可以完成日期对齐的任务。见下面代码：

程序：股票指数收益率

```
import pandas as pd
import datetime as dt
import numpy as np
import matplotlib.pylab as plt
sh999999=pd.read_csv(r"E:\00\999999.csv",index_col=0,header=0,parse_dates=True,sep=',',
dayfirst=True)
data=pd.DataFrame({'sz':sh999999['close'][sh999999.index>dt.datetime(2005,2,22)]})
etf=pd.read_csv(r"E:\00\510050.csv",index_col=0,header=0,parse_dates=True,sep=',',dayfirst
=True)
data=data.join(pd.DataFrame({'etf':etf['close'][etf.index>dt.datetime(2005,2,22)]}))
# 通过上述代码，data 中的两列数据分别是同一日期中上证和 50etf 的收盘价。
# 现在可以考察两个收益率之间是否有线性关系，可以用下面的代码实现：
rets=np.log(data/data.shift(1)) #计算收益率，以当日收盘价/前日收盘价计算
xdat=rets['sz']
ydat=rets['etf']
model=pd.ols(y=ydat,x=xdat)
print('model\n',model.beta)
```

```
plt.plot(xdat,ydat,'r.')
ax=plt.axis()
x=np.linspace(ax[0],ax[1]+0.01)
plt.plot(x,model.beta[1]+model.beta[0] * x,'b',lw=2)
plt.grid(True)
plt.axis('tight')
plt.xlabel('shaihai stock index')
plt.ylabel('50etf returns')
plt.show()
```

程序的执行结果如下：

```
model
x              1.150129
intercept      0.000162
dtype: float64
```

其斜率为 1.150129，截距为 0.000162。所得图形如图 8.1.8 所示，从图中可以看出，两者之间确实有线性关系。

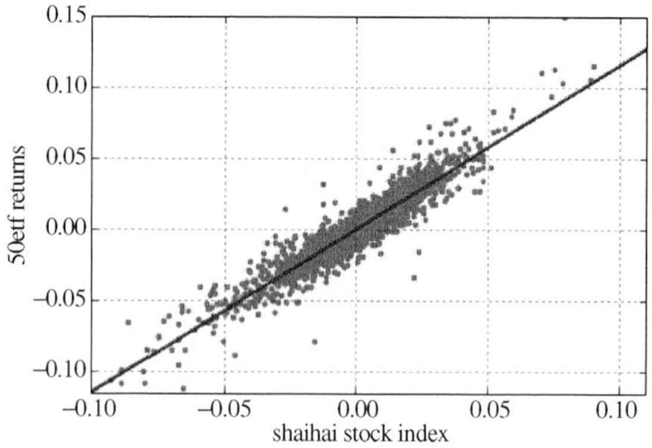

图 8.1.8　对数收益率散点图和回归直线

8.2　数据可视化

数据可视化是指将数据以图形或图像的形式表示，利用人类视觉上的敏感性，获取数据中包含的信息的处理方法或过程。本节着重介绍 Python 制图库 matplotlib。

matplotlib 是 Python 环境下实现制图功能的第三方库，支持用户设计二维、三维数据的图形显示，提供迪卡尔坐标、极坐标、球坐标系统，制作的图形达到出版级的标准。

8.2.1　制图基础

1. 采样点的快速产生

借助 numpy 提供的 arange 和 linspace 函数，可以快速生成制作图形所需要的数据。

① arange 函数

arange 函数产生等间隔的数据序列，需要三个参数，分别为起始点、终止点、采样间隔。例如：

```
>>> import numpy as np
>>> np.arange(0,1,0.1)
array([ 0. , 0.1, 0.2, 0.3, 0.4, 0.5, 0.6, 0.7, 0.8, 0.9])
```

上述语句在区间[0,1)之间以 0.1 为步长生成一个数组。

默认状态下，arange 函数的采样间隔取值为 1，如：

```
>>> np.arange(0,10)
array([0, 1, 2, 3, 4, 5, 6, 7, 8, 9])
>>> np.arange(0, 5.6)
array([ 0., 1., 2., 3., 4., 5.])
```

② linspace 函数

linspace 函数通过指定开始值、终值和元素个数来创建数据序列，可以通过 *endpoint* 参数指定是否包括终值，缺省设置包括终值，元素个数缺省时，取 50。例如：

```
>>> np.linspace(1,10,5)    # 范围 1~10,取 5 个采样点
array([ 1.  ,3.25, 5.5 , 7.75, 10. ])
```

③ numpy 求函数值

numpy 库中的函数，支持数组形式的自变量，可以一次性地求出一组自变量对应的函数值。例如：

```
>>> x=np.arange(0, np.pi/2, 0.1)
>>> y=np.sin(x)
```

上面语句中，x 存储了一组自变量的取值，使用 y=np.sin(x)，一步完成每个 x 值的 sin 取值。

2. 色彩、线型及数据点标记

① 色彩

制作图形时，常见的颜色缩写如表 8.2.1：

表 8.2.1 Python 制图线条颜色表

缩写	颜色	缩写	颜色
'b'	blue	'm'	magenta
'g'	green	'y'	yellow
'r'	red	'k'	black
'c'	cyan	'w'	white

除了使用系统定义的颜色外，matplotlib 允许用户自己定义颜色，包括：16 进制如：#FF00FF、RGB 或 RGBA 元组(1,0,1,1)及灰度强度如："0.7"等。

如下面的程序段，分别用不同的颜色绘制正弦曲线。

```
import matplotlib.pyplot as plt
import numpy as np
x=np.arange(-np.pi,np.pi,0.1)      # 生成自变量值
```

```
y=np.sin(x)                       # 生成每个自变量对应的函数值
y1=y-0.2
y2=y+0.2
plt.plot(x,y,'b')                 # 'b' 代表使用蓝色画曲线。
plt.plot(x,y1,'#FF00FF')          # 使用自定义颜色绘图
plt.plot(x,y2,'0.7')              # 灰度值
plt.show()
```

② 线型

线型在 Python 中用特定的符号表示，符号和线型之间的对应关系如表 8.2.2：

表 8.2.2 Python 制图线型表

符号	线型	符号	线型
'-'	实线	'-.'	短点相间线
'--'	短线	':'	虚点线

以散点图表示数据样本在空间的分布情况时，经常以不同的形状表示不同类别的数据点，数据点的标记有多种，列表于 8.2.3 中。

表 8.2.3 Python 制图数据点形状

缩写	颜色	缩写	颜色
“.”	点标记	“4”	右三角架标记
“,”	像素标记	“s”	正方形标记
“o”	圆圈标记	“p”	五角形标记
“v”	倒三角标记	“*”	星形标记
“∧”	正三角标记	“H”	旋转六边形钻石标记
“<”	左三角标记	“d”	钻石标记
“>”	右三角标记	“|”	竖线标记
“1”	倒三角架标记	“_”	水平线标记
“2”	正三角架标记	“+”	十号标记
“3”	左三角架标记	“x”	十字交叉标记

8.2.2 二维图及其制图要素

在制图数据齐备的情况下，matplotlib 制作二维图形变得非常轻松，本节以二维坐标系中图形制作为例讲解 matplotlib 制图要素。

1. 简单函数图

以制作[−π，π]区间内的 sin(x)图形为例，其程序代码如下：

```
import matplotlib.pyplot as plt
import numpy as np
x=np.arange(-np.pi,np.pi,0.1)    # 生成自变量值
y=np.sin(x)                      # 生成每个自变量对应的函数值
plt.plot(x,y,'b')                # b代表使用蓝色画曲线。
plt.show()
```

程序的执行结果如图 8.2.1 所示。

可以总结 matplotlib 的制图步骤如下：

① 引入 matplotlib；

② 准备数据；

③ plot 方法制图；

④ show 方法显示。

用户可以右击生成的图形，选择保存，将生成的图形保存成 jpg、png 等多种格式的图像文件。

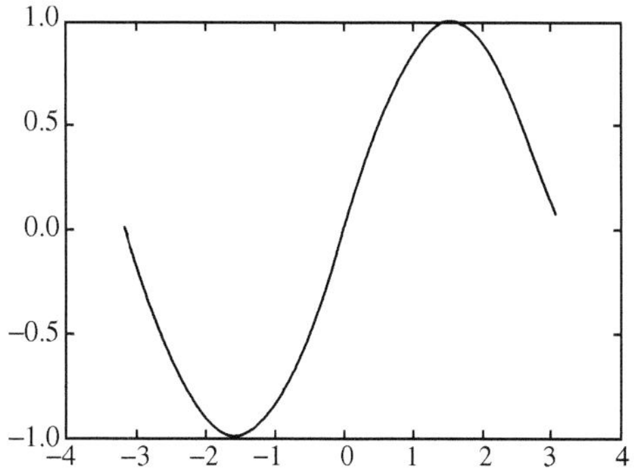

图 8.2.1　程序制作的 sin 图形

2. 坐标轴设定

使用 axis([x_1，x_2，y_1，y_2])可以设定作图横、纵坐标的范围，也可以单独使用 xlim(x_1，x_2)设定横轴坐标范围，ylim(y_1，y_2)设置纵轴坐标范围，如下例：

```
import numpy as np
x=np.arange(-5,5,0.1)
y=x**2
import matplotlib.pyplot as plt
plt.xlim(-5,5)                  # 设定横坐标范围
plt.ylim(0,100)                 # 设定纵坐标范围
plt.xlabel("x")                 # 横轴标识
plt.ylabel("y=x*x")             # 纵轴标识
plt.title("Plot  y=x*x")        # 设定图形的标题
plt.plot(x,y)
plt.show()
```

程序的运行结果如图 8.2.2 所示。请观察整个图形的标题、各坐标轴的标题。本例故意将 y 轴的范围设得很大，所以制作的曲线被压缩在图形的底部。

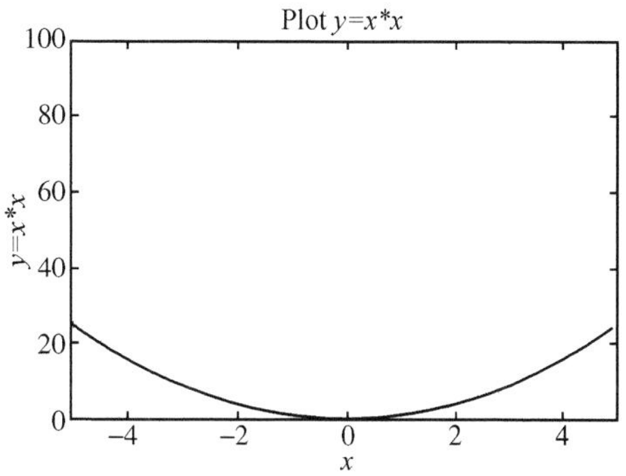

图 8.2.2　设定纵横坐标轴范围作图

3. 画网格线

选择画网格线，可使图内的坐标值更加清晰，grid(True)函数可完成该任务。如上例中，将代码修改为(去掉纵、横坐标范围限制)：

```
plt.grid(True)
plt.plot(x,y)
plt.show()
```

程序运行结果如图 8.2.3 所示。

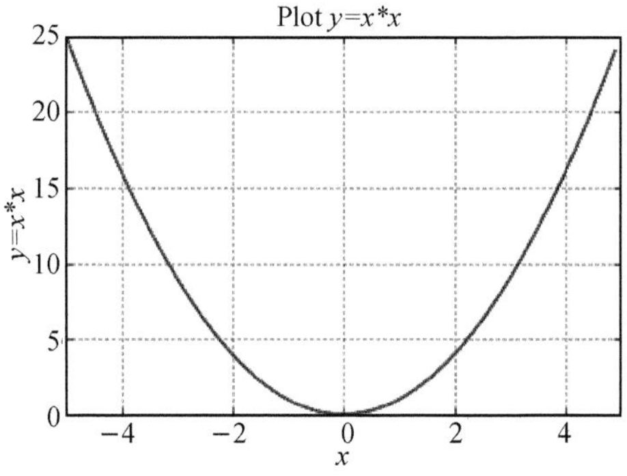

图 8.2.3　设置网格线制图

4. 图形修饰

图形修饰指生成的图形的颜色、线型、线宽、图例、坐标轴刻度等内容的设定。下面例子使用颜色、线宽、线型设置生成的图形。

```
import numpy as np
from pylab import *
x=np.linspace(-np.pi,np.pi,100)
sin,cos = np.sin(x), np.cos(x)
plot(x,sin,color='blue',linewidth=2.0, linestyle='-')   # 设置蓝色、2 像素宽划线
plot(x,cos,color='red',linewidth=2.0, linestyle='-.')   # 用虚线画图
show()
```

程序生成的图如图 8.2.4，请参阅代码中颜色、线宽、线型的设置。

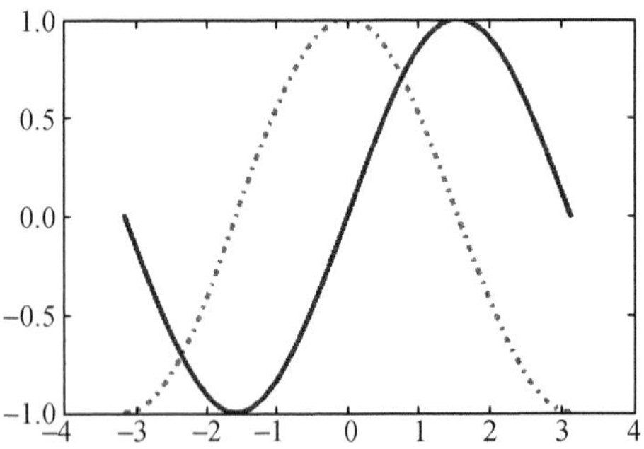

图 8.2.4　设置颜色、线宽制图

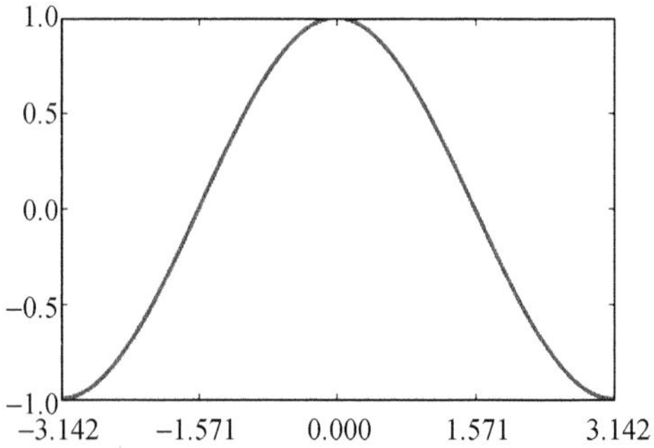

图 8.2.5　自定义坐标轴刻度

5. 设定坐标轴刻度

用户可以指定坐标轴的刻度，制作出更能表达意义的图形，xticks(yticks)方法实现了该功能。参见下面坐标轴刻度设置的例子。

```
import numpy as np
from pylab import *
x=np.linspace(-np.pi,np.pi,100)
cos = np.cos(x)
```

```
xticks(np.linspace(-np.pi,np.pi,5))          # 设置图形刻度
plot(x,cos,color='red',linewidth=2.0, linestyle='-')
show()
```

得到的图形如 8.2.5 所示,坐标轴的刻度与三角函数的周期紧密相关。

6. 设置样例

多曲线并列画在同一幅图形中时,制图者需要指定每条线的具体含义,这就是样例。通过设定 plot 函数的 label 参数,再配合 legend 函数可设置图例,见下例:

```
import numpy as np
from pylab import *
x=np.linspace(-np.pi,np.pi,100)
sin,cos = np.sin(x), np.cos(x)
plot(x,sin,color='blue',linewidth=2.0, linestyle='-',label='sin')  # label 设置样例
plot(x,cos,color='red',linewidth=2.0, linestyle='-',label='cos')  # label 设置样例
legend(loc='upper left')                                           # 显示样例
show()
```

生成的图形如图 8.2.6,在图形的左上角,增加了图例说明。

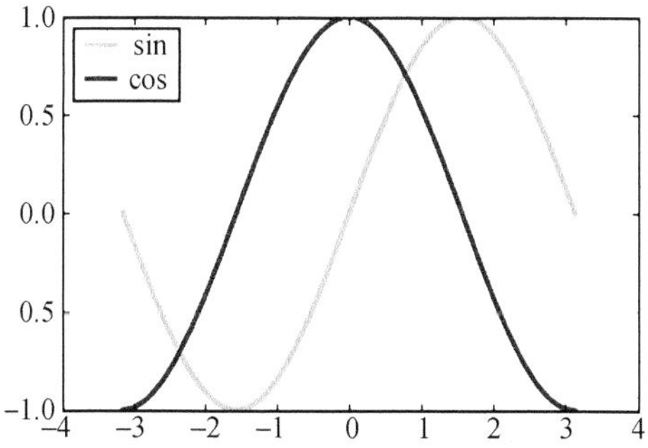

图 8.2.6 增加图例

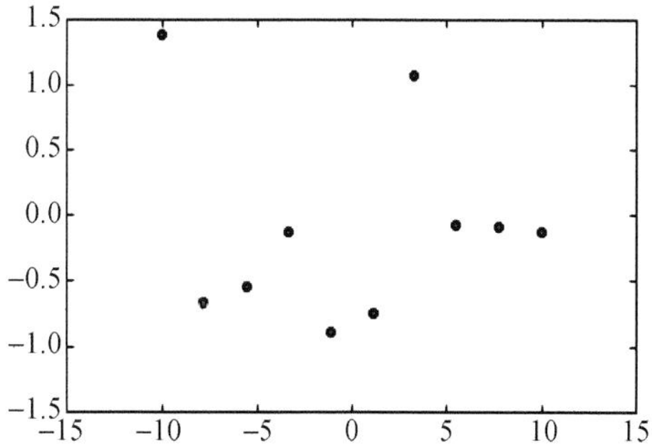

图 8.2.7 scatter 制作的散点图

7. 散点图

对给定一组实验数据 (x_i, y_i),将实验点在二维坐标中显示出来,就需要制作散点图,使用的函数是 scatter,见下面的例子。

```
import numpy as np
from pylab import *
n=10
x=np.linspace(-10,10,n)
y=np.random.normal(0,1,n)
scatter(x,y)
show()
```

上面例子，先产生两组数据，组成两维空间中的 10 个实验点，然后通过 scatter 函数制作散点图，程序运行的结果如图 8.2.7。

scatter 函数还可以通过其他参数，设定每个点的面积大小及颜色。下面代码在制作散点图的同时，设置每个点的大小及颜色。

```
import numpy as np
import matplotlib.pyplot as plt
N = 20
x = np.random.rand(N)                              # 产生 N 个随机数
y = np.random.rand(N)
area = np.pi * (10 * np.random.rand(N)) * * 2     # 半径采用随机数，作为点的面积
color = 100 * np.random.rand(N)                    # 随机设置每个点颜色
plt.scatter(x, y, s=area, c=color, alpha=0.5)      # alpha 设置透明度
plt.show()
```

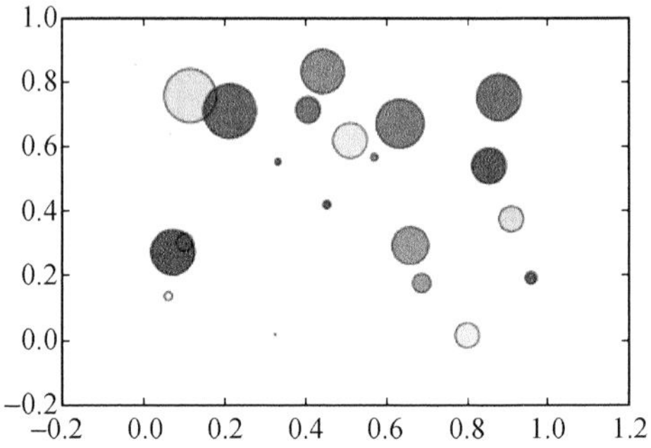

图 8.2.8　点大小及颜色不同的散点图

程序的运行结果图 8.2.8。

8. 饼图

pie 函数用于制作饼图，它使用一个列表作为数据源，并自动计算列表中的每项占总和的百分比，以百分比数据制作饼图。如下面代码：

```
import numpy as np
import matplotlib.pyplot as plt
import matplotlib as mpl
mpl.rcParams['font.family'] = 'sans-serif'
mpl.rcParams['font.sans-serif'] = [u'SimHei']
data = np.random.randint(1, 11, 5)
# 在区间[1,11)中产生 5 个随机整数
plt.pie(data, explode = [0,0,0.3, 0, 0])
# explode 的第三个参数为 0.3 ，意味着对应饼块被拖出饼
plt.show()
```

上述代码在区间[1,11)中产生 5 个随机整数，然后调用 pie 函数画图，参数 explode 用于决定每块饼放置情况。当它的某个元素不为 0 时，意味着对应的饼块从饼图中分离出来。如程序中第三个参数为 0.3，使得图中的第 3 饼块离开了整个饼图。程序的运行结果如图 8.2.9。

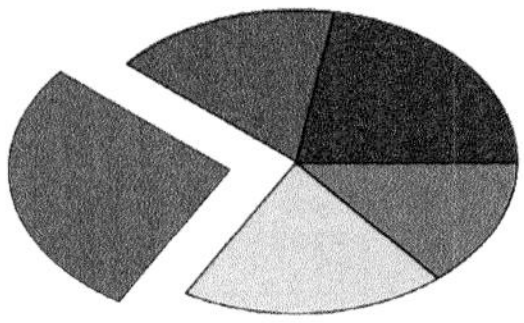
图 8.2.9　饼图

程序：男女成绩直方图

9. 柱状图

使用 bar 函数完成柱状图的制作。简单的代码如下：

```
import matplotlib as mpl
import matplotlib.pyplot as plt
mpl.rcParams['font.sans-serif'] = ['SimHei']   # 提供汉字支持
plt.bar((0,1), (173,69),width=0.2, align='center')
plt.ylabel(' 人数 ')
plt.xlabel(' 课程 ')
plt.xticks((0,1),("C","Python"))
plt.show()
```

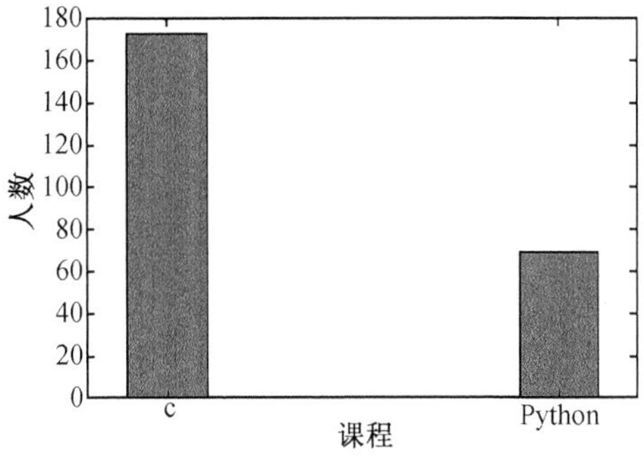

图 8.2.10 简单柱状图,并支持汉字显示

上述代码中,bar 函数中的参数,(0,1)指横坐标,位置分别为 0,1,(173,69)指两个柱各自的高度,width 指定柱的宽度,align 则指定对齐方式。程序的执行结果如图 8.2.10。

代码中有几个语句需要注意,由于 Python3 默认状态下不支持汉字,所以使用语句

```
mpl.rcParams['font.sans-serif'] = ['SimHei']
```

增加它对汉字的支持。

下面例子考虑 3 个班级的男女生的高等数学、普通物理、大学计算机三门课程的平均成绩及标准偏差。制图方案中要求在图中直方图上显示均值,方差显示在其上方。制图程序如下:

```
import numpy as np
import matplotlib.pyplot as plt
def autolabel(rects):
    for rect in rects:
        height = rect.get_height()
        ax.text(rect.get_x()+rect.get_width()/2.,1.05 * height, '%d'%int(height),ha='center',
va='bottom')
N = 3   # 共 3 组数据
boyMeans = (81, 78 ,  76)          # 3 个班级男生:高数、普物、大基课平均成绩
boyStd =   (7.7,  11.3, 8.6)        # 3 门课成绩标准差
ind = np.arange(N)                 # 图上,每个组的 x 的位置
width = 0.2                        # 柱的宽度
fig, ax = plt.subplots()
rects1 = ax.bar(ind, boyMeans, width, color='0.2', yerr=boyStd)
girlMeans = (88, 72, 77)           # 女生门课程的平均值
girlStd =   (12.1, 9.8, 6.5)       # 女生 3 门课程的标准差
rects2 = ax.bar(ind+width, girlMeans, width, color='0.9', yerr=girlStd)
ax.set_ylabel('Scores')
```

```
ax.set_title('Scores by courses and gender')
ax.set_xticks(ind+width)
ax.set_xticklabels( ('math', 'phy', 'comp') )
ax.legend( (rects1[0], rects2[0]), ('boy', 'girl') )
autolabel(rects1)
autolabel(rects2)
plt.show()
```

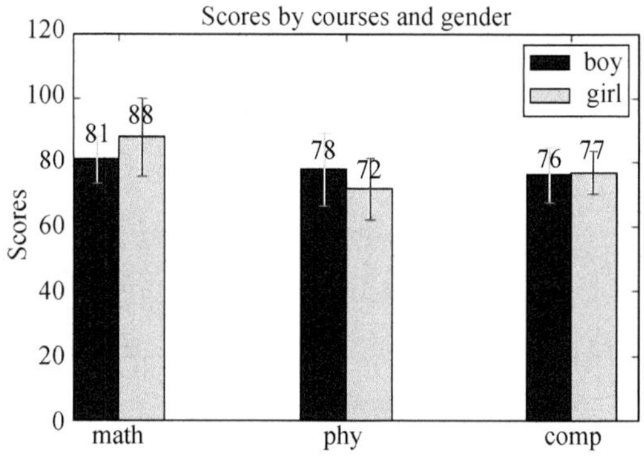

图 8.2.11　均值加方差显示的柱状图

程序的运行结果如图 8.2.11 所示。

10. 子窗口画图

matplotlib 支持在同一个图形中包含多个子窗口，在每个子窗口完成图形的不同部分，这个任务使用 subplot 函数实现。

subplot 函数有三个整数参数，前两个指定子图的行、列，后面一个参数指定第几个子图。例如 subplot(1,2,1)指定图形中有两个子图(1 行 2 列)，它们处于第一行上。最后一个参数 1 通知 maplotlib，这是第一个子图，其后续的 plot 制图语句所制作的图形，在当前子窗口中进行。

下面代码在同一行的两个子图上完成制图。

```
import numpy as np
import matplotlib.pyplot as plt
x = np.linspace(0, 5, 10)
y = x ** 2
plt.subplot(1,2,1)        # 第一个子图
plt.plot(x, y, 'r--')
plt.subplot(1,2,2)        # 第二个子图
plt.plot(y, x, 'g*-')
plt.show()
```

程序运行的结果所图 8.2.12(a)所示。将上述代码的两个 subplot 换成如下代码，制图如 8.2.12(b)所示。

```
plt.subplot(2,1,1)      # 两个处于同一列的子图,第一个子图
plt.plot(x, y, 'r--')
plt.subplot(2,1,2)      # 第二个子图
plt.plot(y, x, 'g*-')
```

上面代码中，plt.subplot(1,2,1)指图表中有一行二列，在第一列制图，plt.subplot(1,2,2)指在图表中第二列制图。所以，制作的图形中，两个子图形在同一行。后面代码中，plt.

subplot(2,1,1)指图分2行1列，在第一行制图，plt.subplot(2,1,2)则在第二行制图，所以得到的图形，两个子图形在同一列。

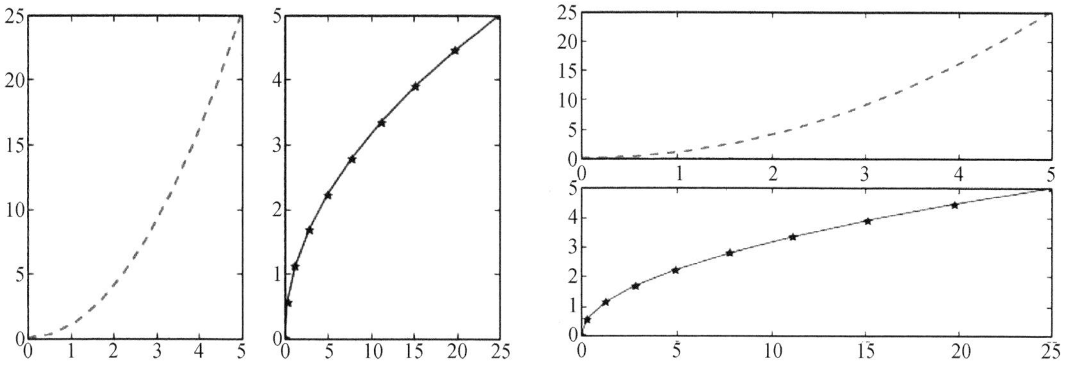

(a) 同一行分2个子窗口　　(b) 同一列分2个子窗口

图8.2.12　多子图制图

除了使用subplot函数外，也可以使用subplots函数实现多窗口制图，其过程与subplot类似。如下面代码：

```
import numpy as np
import matplotlib.pyplot as plt
x = np.linspace(0, 5, 10)
y = x ** 2
y1=np.cos(x)
data=[y,y1]
i=0
fig, axes = plt.subplots(nrows=1, ncols=2)  # 设置1行2列，两个子图形
for ax in axes:  # axes中，每个坐标轴就是一个子图形
    ax.plot(x, data[i], 'r')
    ax.set_xlabel('x')
    ax.set_ylabel('y')
    ax.set_title('title')
    i+=1
plt.show()
```

该段代码运行的结果如图8.2.13所示。

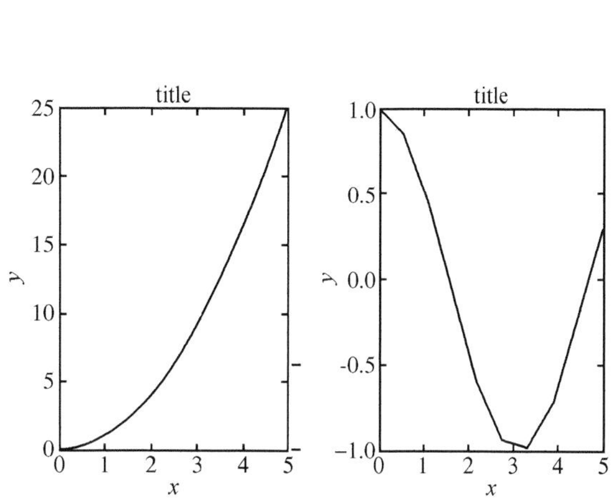

图8.2.13　用sunplots制作子图

11. 图形的大小、分辨率

matplotlib支持用户指定图形的分辨率、大小和长宽比例(aspect ratio)。这些功能通过subplots函数中的figsize、 dpi 等参数实现。如创建一个 800×600 像素、100 dpi 分辨率的图形，可使用如下语句：

```
fig, axes = plt.subplots(figsize=(8,6),dpi=100)
```

下面代码制作大小为 800×600，分辨率为 100dpi 的图形。

```
import numpy as np
import matplotlib.pyplot as plt
x = np.linspace(0, 5, 10)
y = x * * 2
fig, axes = plt.subplots(figsize=(8,6),dpi=100)
axes.plot(x, y, 'r')
axes.set_xlabel('x')
axes.set_ylabel('y')
axes.set_title('title')
plt.show()
```

该段代码的运行结果如图 8.2.14 所示。

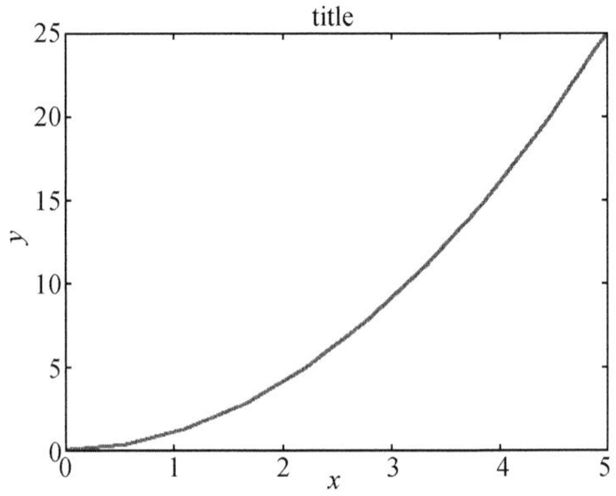

图 8.2.14　用户指定分辨率制图

8.2.3　三维图制作

matplotlib 能方便制作各种复杂的三维图，而且调用相关函数制图时也非常简单，只需几个程序语句即可完成一个复杂图形的制作。

1. 三维制图步骤

制作三维图形时，请遵循如下的步骤：

① 引用 matplotlib，import matplotlib.pyplot as plt

② 引用 mpl_toolkits.mplot3d 库中的 Axes3D 类，from mpl_toolkits.mplot3d import Axes3D

③ 通过 Axes3D 类将图转换为 3D 模式。用以下两个语句完成：

```
fig = plt.figure()
ax =Axes3D(fig)
```

④ 用 plot_trisurf(以小三角形构成曲面单元)或 plot_surface(以菱形构成曲面单元)制图。

其中 plot_trisurf 使用的数据是三个一维数组，三个数组对应元素组成三维空间的一个点，plot_surface 使用的数据格式比较复杂，x、y 方向上被称为网格矩阵，而 z 方向则是每个网格交叉点上的函数值，所以三个矩阵都是二维矩阵。

下面代码制作了一个四面体，定义三个列表 $\boldsymbol{X}$、$\boldsymbol{Y}$、$\boldsymbol{Z}$，其对应的元素形成三维空间中的一个点，共生成四个点，作为四面体 4 个顶点。

```
import matplotlib.pyplot as plt
```

```
from mpl_toolkits.mplot3d import Axes3D  # 引入三维工具
fig = plt.figure()  # 获得 figure 对象
ax =Axes3D(fig)  # 设置三维显示模式
X = [0, 1, 2, 2]
Y = [0, 4, 7, 1]
Z = [0, 2,1, 0]  # X、Y、Z 对应元素,组成三维空间的一个点
ax.plot_trisurf(X, Y, Z)
plt.show()
```

程序运行结果如图 8.2.15 所示。

上述代码中,按照三维图的制作步骤,采用 plot_trisurf 函数制图,数据为三个列表,制图结果是一个四面体。

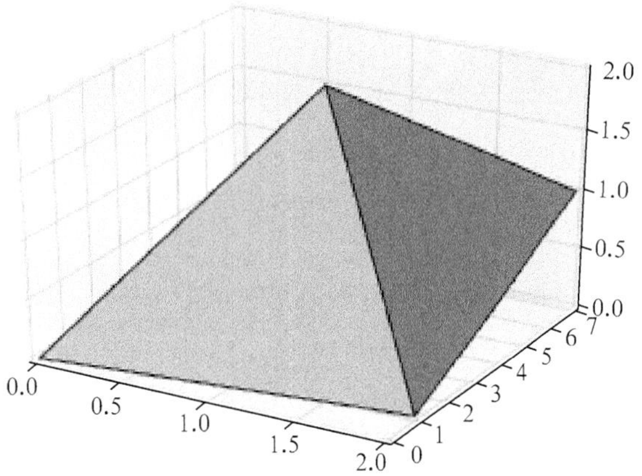

图 8.2.15 plot_trisutf 制作的四面体

2. plot_trisurf 三维曲面图

用 plot_trisurf 函数制图,首先必须生成制图的三个向量。设一信号在 x、y 方向分别按 sin 和 cos 变化,z 方向则是 x 和 y 取值乘积的负值再转化为 sin 信号,令 x、y 的取值范围都为$[-2\pi,2\pi]$,则制图程序可以设计为如下代码:

```
from mpl_toolkits.mplot3d import Axes3D
import matplotlib.pyplot as plt
import numpy as np
from matplotlib import cm
s=np.arange(-2 * np.pi,2 * np.pi,0.1)
x=np.sin(s)
y=np.cos(s)
z=np.sin(-x * y)
fig = plt.figure()
ax = Axes3D(fig)
ax.plot_trisurf(x, y, z, cmap=cm.jet, linewidth=0.1)
plt.show()
```

制图结果如图 8.2.16。

3. plot_surface 三维曲面图

采用 plot_surface 函数制作三维曲面图,数据必须采用三个二维矩阵表达。通常采用的方案是,在确定 x、y 轴的采样点后,通过 np.meshgrid 函数形成纵、横网格点,然后计算网点上 z 函数的值,以此完成制图。请看下面程序段制作的三维曲面图。

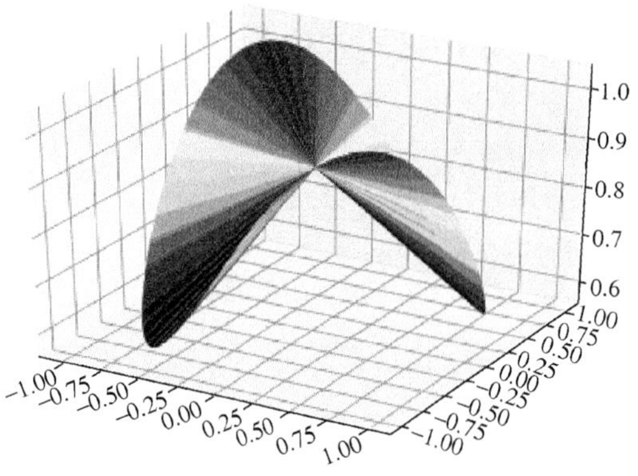

图 8.2.16　plot_trisurf 三维曲面图

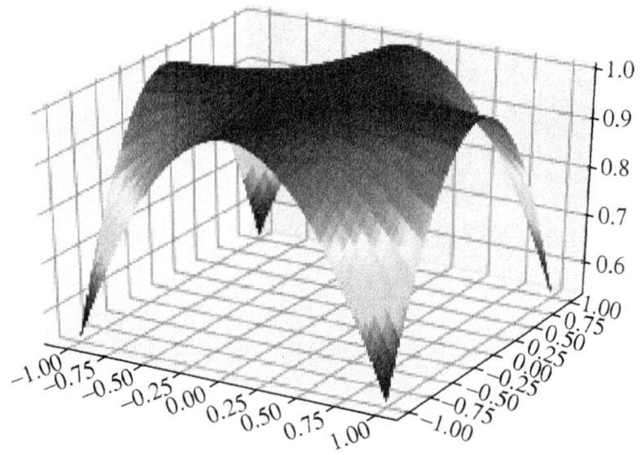

图 8.2.17　plot_ surface 函数制作的曲面

程序：
3 维曲面制图

```
from mpl_toolkits.mplot3d import Axes3D
from matplotlib import cm
import matplotlib.pyplot as plt
import numpy as np
parts=100
angles = np.linspace(0.125, 2 * np.pi, 300)
angles=np.linspace(0.125, 2 * np.pi, 300)
x =   np.sin(angles)   # x方向采样
y =   np.cos(angles)   # y方向采样
X,Y = np.meshgrid(x, y)  # 形成网格点
Z = np.cos(X * Y)   # 函数值
fig = plt.figure()
ax =Axes3D(fig)
ax.plot_surface(X, Y, Z,cmap=cm.jet)
plt.show()# 画 3d 曲面
```

程序运行的结果如图 8.2.17 所示。

4. 等高线图

等高线图是三维图形沿水平方向切割所得到的剖面边沿线图，用于确定山峰（最优点）所在的位置。等高线无需三维包 Axes3D 的支持，但可以借助 plot_surface 制图中生成网格点的方案，在确定了 x、y 轴的网格矩阵 $\boldsymbol{X}$、$\boldsymbol{Y}$，z 轴的函数值 $\boldsymbol{Z}$ 矩阵后，采用如下方案完成等高线制图：

```
CS = plt.contour(X, Y, Z,k)
plt.clabel(CS, inline=1, fontsize=10)
```

其中参数 k 指水平方向上等距离切 k 刀，inline 参数确定等高线文字标识与等高线的重叠关系，数值 1 表示文字覆盖其下方部分的线段。

下面的例子先通过高斯分布产生两个山包，然后将两者相减作为 Z 轴的值，得到一峰一谷(图 8.2.18)，然后制作其等高线图。

程序：等高线图

```
import matplotlib.pyplot as plt
import numpy as np
n=200
x = np.linspace(-10.0, 10.0, n)
y = np.linspace(-10.0, 10.0, n)
s1=2*np.exp(-((x+1)/(3))**2)   # 生成一条高斯曲线，高斯峰公式  s=A*exp(-((x-w)/sigma)**2)
s2=2*np.exp(-((y+2)/(3))**2)
Z1=np.outer(s1,s2)  # 生成第一个高斯山包
w1=2*np.exp(-((x-2)/4)**2)
w2=2*np.exp(-((y-1)/4)**2)
Z2=np.outer(w1,w2)  # 生成第二个高斯山包
X, Y = np.meshgrid(x, y)
Z=100*(Z2-Z1)
plt.figure()
CS = plt.contour(X, Y, Z,10)   # 制作等高线，横砍 10 刀
plt.clabel(CS, inline=1, fontsize=10)   # inline 控制画标签，移除标签下的线
plt.show()
```

程序中先用高斯函数产生两条曲线，然后利用两者的外积形成一个山峰 $Z1$，用同样的方案形成另一个山峰 $Z2$，令 Z 是两者之差的 100 倍，其三维曲面如图 8.2.18 所示。图中有一个高于水平面的峰，一个低于水平面的低谷，制作等高线图时，应该看到一个正值的峰和一个负值的洼地。

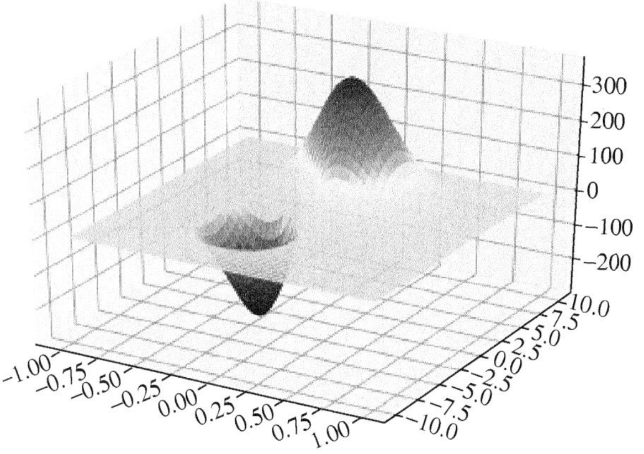

图 8.2.18 两个双正态分布产生的峰和谷

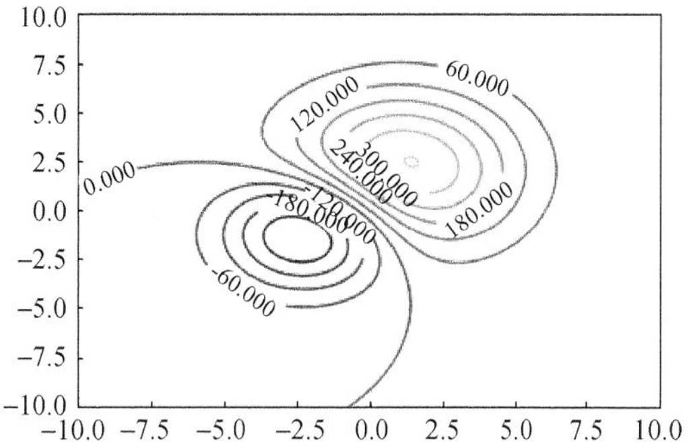

图 8.2.19 图 8.2.18 的等高线图

运行该段代码，制作的等高线图如图 8.2.19 所示。

阅读代码，可以发现制作等高线图的关键语句为：

```
CS = plt.contour(X, Y, Z,10)
plt.clabel(CS, inline=1, fontsize=10)
```

第一个语句负责获得横切面，共做 10 次横切，结果得到水平面以上 5 个切面，水平线下 5 个切面。而第二个语句负责标记得到的切割线。

将上述代码的画图部分替换成下面语句，可将水平面以下的等高线（负值）用虚线显示。

```
plt.figure()
CS = plt.contour(X, Y, Z, 6, colors='k')  # 设置单色后，负值将用虚线显示，颜色可自定
plt.clabel(CS, fontsize=9, inline=1)
plt.show()
```

程序运行的结果如图 8.2.20 所示：

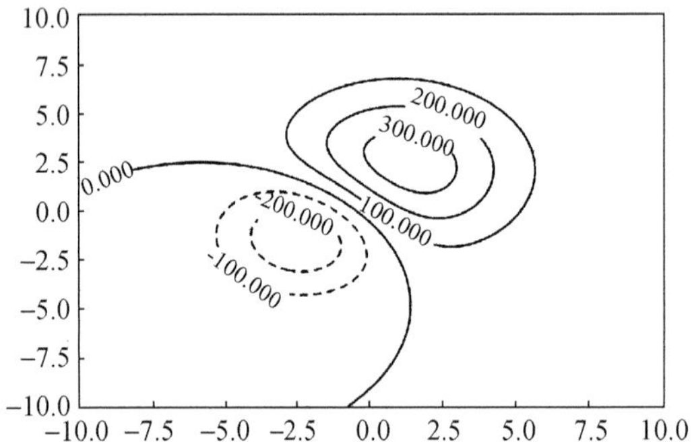

图 8.2.20　黑白虚实线方式制作等高线图

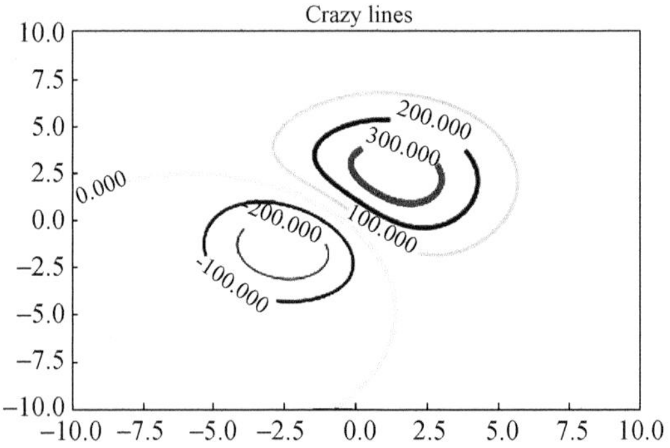

图 8.2.21　指定等高线的颜色、宽度

而使用下面的代码，用户可以自己定制每条等高线的颜色、线宽，结果见图 8.2.21。

```
plt.figure()
CS = plt.contour(X, Y, Z, 6,linewidths=np.arange(.5, 4, .5), colors=('r', 'green', 'blue', (1,1,
0), '#afeeee', '0.5'))  # 用户自定义 6 种颜色
plt.clabel(CS, fontsize=9, inline=1)
plt.title('Crazy lines')
```

8.2.4　实测珠宝拉曼光谱图制作

珠宝由独特的矿物质成分组成，通过激光扫描可得珠宝的拉曼光谱，测量仪器将光谱自动保存成文本文件，内容由两列组成，第一列是拉曼的波数，第二列是拉曼响应值，文件组织如图 8.2.22 所示。

根据前面所掌握的知识，在 numpy 库的支持下，可以采用以下步骤完成制图：

① 采用numpy库从文件中读取制图数据，并将数据的第一和第二列分开，依次作为横坐标 X 和纵坐标 Y 的数据。

② 调用maplotlib做图。

程序代码如下：

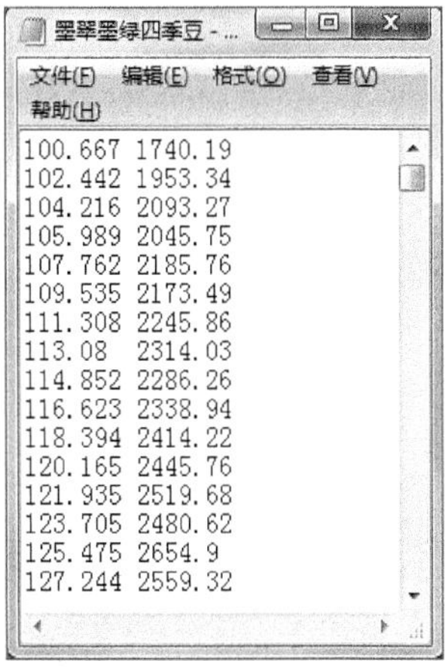
墨翠墨绿四季豆 - ...
文件(F) 编辑(E) 格式(O) 查看(V) 帮助(H)

```
100.667 1740.19
102.442 1953.34
104.216 2093.27
105.989 2045.75
107.762 2185.76
109.535 2173.49
111.308 2245.86
113.08  2314.03
114.852 2286.26
116.623 2338.94
118.394 2414.22
120.165 2445.76
121.935 2519.68
123.705 2480.62
125.475 2654.9
127.244 2559.32
```

图8.2.22 拉曼光谱数据文件

```
import numpy as np
import matplotlib.pyplot as plt
from pylab import *
mpl.rcParams['font.sans-serif'] = ['SimHei']
X=np.loadtxt(r"E:\拉曼光谱\墨翠墨绿四季豆.txt")
x=X[:,0]  # 取数据的第一列
y=X[:,1]  # 取数据的第二列
plt.ylabel(u'拉曼响应')
plt.xlabel(u'波数')
plt.plot(x,y,'b')
plt.show()
```

程序运行结果如图8.2.23。

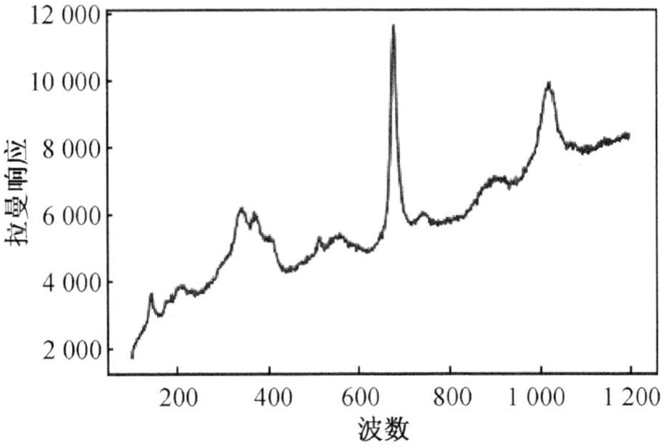

图8.2.23 墨翠墨绿四季豆样品的拉曼光谱图

8.2.5 联用仪器实测数据三维曲面图

环境监测中，对适合色谱分析的污染物，经常采用色谱—二极管阵列检测器检测（即色谱—光谱联用技术），对每个样本可以获得一个二维矩阵，组成一个三维曲面。其数据excel文件格式如图8.2.24所示。

由于只能读到一个矩阵，也就是 Z 轴方向的数据，因此 X、Y 的网格点数据需要用户生成。最简单的想法，是取矩阵的行、列，以行列序号为坐标形成网格点，然后绘制曲面。程序

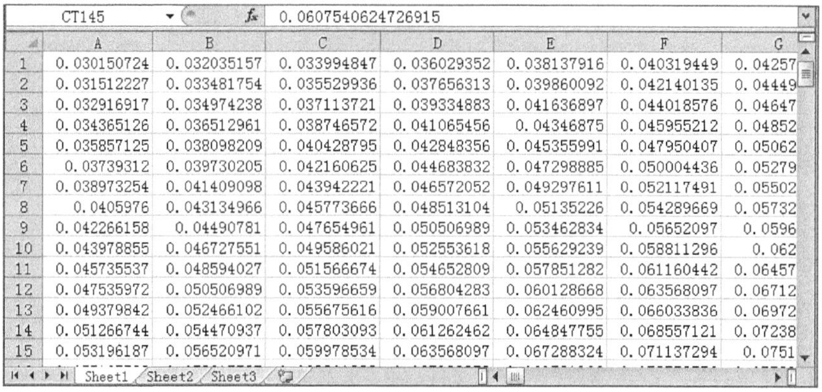
CT145 | 0.0607540624726915

	A	B	C	D	E	F	G
1	0.030150724	0.032035157	0.033994847	0.036029352	0.038137916	0.040319449	0.04257
2	0.031512227	0.033481754	0.035529936	0.037656313	0.039860092	0.042140135	0.04449
3	0.032916917	0.034974238	0.037113721	0.039334883	0.041636897	0.044018576	0.04647
4	0.034365126	0.036512961	0.038746572	0.041065456	0.04346875	0.045955212	0.04852
5	0.035857125	0.038098209	0.040428795	0.042848356	0.045355991	0.047950407	0.05062
6	0.03739312	0.039730205	0.042160625	0.044683832	0.047298885	0.050004436	0.05279
7	0.038973254	0.041409098	0.043942221	0.046572052	0.049297611	0.052117491	0.05502
8	0.0405976	0.043134966	0.045773666	0.048513104	0.05135226	0.054289669	0.05732
9	0.042266158	0.04490781	0.047654961	0.050506989	0.053462834	0.05652097	0.0596
10	0.043978855	0.046727551	0.049586021	0.052553618	0.055629239	0.058811296	0.062
11	0.045735537	0.048594027	0.051566674	0.054652809	0.057851282	0.061160442	0.06457
12	0.047535972	0.050506989	0.053596659	0.056804283	0.060128668	0.063568097	0.06712
13	0.049379842	0.052466102	0.055675616	0.059007661	0.062460995	0.066033836	0.06972
14	0.051266744	0.054470937	0.057803093	0.061262462	0.064847755	0.068557121	0.07238
15	0.053196187	0.056520971	0.059978534	0.063568097	0.067288324	0.071137294	0.0751

Sheet1 Sheet2 Sheet3

图 8.2.24　环境污染物的色谱 DAD 测量数据

代码如下：

程序：环境水样三维曲面图

```
from mpl_toolkits.mplot3d import *
import matplotlib.pyplot as plt
import numpy as np
from matplotlib import cm
from pylab import *
mpl.rcParams['font.sans-serif'] = ['SimHei']   # 为写汉字准备
z=np.loadtxt(r"E:\teach\Python\data\mix_2.txt")
size=z.shape #取矩阵的行、列
y=np.arange(0,size[0],1)   # matplotlib 绘图，以矩阵的行为 y 轴
x=np.arange(0,size[1],1)
x, y = np.meshgrid(x, y)   # 形成网格点
fig = plt.figure()
ax =Axes3D(fig)
ax.set_xlabel(u'保留时间')
ax.set_ylabel(u'波长')
ax.set_zlabel(u'峰值')
ax.plot_surface(x, y, z, cmap=cm.hot)
plt.show()
```

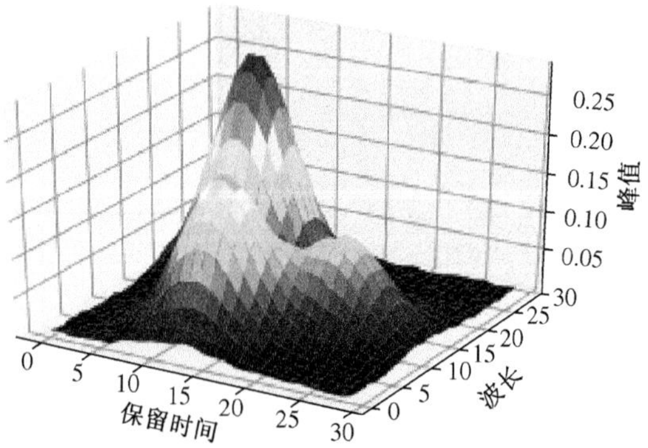

程序的运行结果如图 8.2.25 所示。

图 8.2.25　环境水样色谱 DAD 数据的三维曲面图

8.2.6　色谱-DAD 三维曲面的等高线图

对图 8.2.25 的三维曲面，制作等高线图，可以更容易对污染物定性，从而可以辅助分析者确定对应的物质。制作上述曲面图等高线图的 Python 代码如下：

```
from mpl_toolkits.mplot3d import *
```

```
import matplotlib.pyplot as plt
import numpy as np
from matplotlib import cm
from pylab import *
mpl.rcParams['font.sans-serif'] = ['SimHei']
z=np.loadtxt(r"E:\teach\Python\data\mix_2.txt")
size=z.shape  # 取矩阵的行、列
y=np.arange(0,size[0],1)  # np读入的数据，在画(contour函数)曲面图时，y对应第0维
x=np.arange(0,size[1],1)
x, y = np.meshgrid(x, y)
plt.figure()
CS = plt.contour(x, y, z)
plt.clabel(CS, inline=1, fontsize=10)
#inline控制画标签，移除标签下的线
plt.title('Simplest default with labels')
plt.show()
```

程序：环境水样三维曲面等高线

程序运行的结果如图 8.2.26 所示。

从上面三个实际例子中可以看出，实际科学研究过程中，制作图形的函数形式往往是未知的，但实验数据可以通过合理的实验安排，经仪器测量获取。此时，再用 Python 制图是可以轻松实现的。

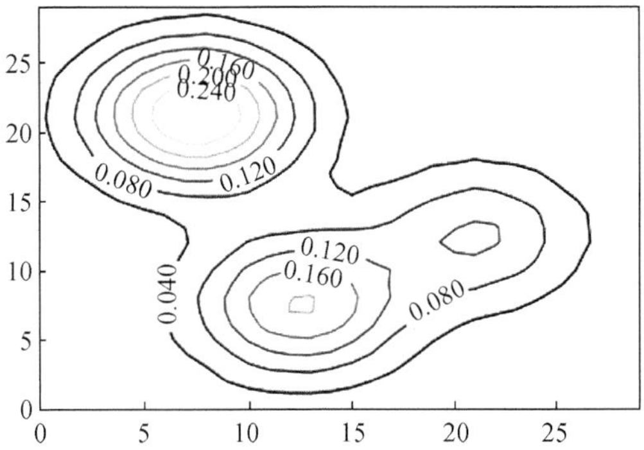

图 8.2.26　污染物色谱 DAD 数据的等高线图

8.2.7　鸢尾花分类模式显示

sklearn 包中带有一个鸢尾花数据集，每行代表一个样本，每个样本 4 个特征，分别是萼片长度、宽度，花瓣长度、宽度。样本被分成三类：山鸢尾、变色鸢尾和维吉尼亚鸢尾，分别用数字 0、1、2 表示。在二维空间中观察鸢尾花的分布聚集，可以选择任意的两个变量。下面程序以花瓣特征为例，观察它们在空间的分布。

```
from sklearn import datasets
iris=datasets.load_iris()  # 从数据库获得数据
data=iris.data  # 获得自变量数据
target=iris.target  # 获得样本的分类信息
import matplotlib.pyplot as plt
import matplotlib as mpl
mpl.rcParams['font.family'] = 'sans-serif'
mpl.rcParams['font.sans-serif'] = [u'SimHei']
```

程序：鸢尾花二维码图

```
plt.plot(data[target==0,2],data[target==0,3],'b^',label='山鸢尾')
plt.plot(data[target==1,2],data[target==1,3],'r*',label='变色鸢尾')
plt.plot(data[target==2,2],data[target==2,3],'go',label='维吉尼亚鸢尾')
plt.legend(loc='upper left')
plt.show()
```

程序运行结果如图 8.2.27 所示。

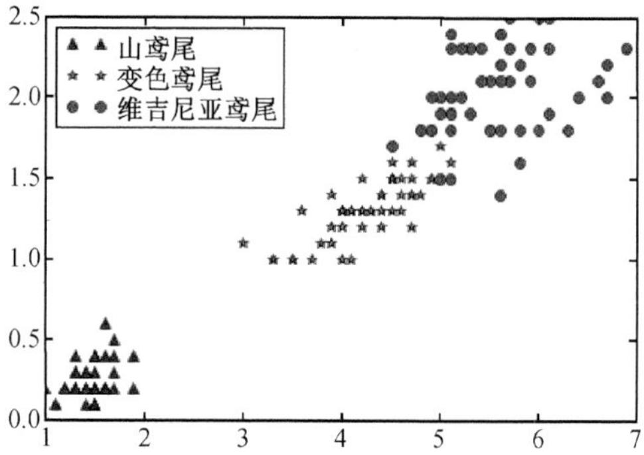

图 8.2.27　以花瓣特征显示鸢尾花分类

在三维空间中观察 3 种鸢尾花的分布情况的程序如下：

程序：
鸢尾花三维图

```
from sklearn import datasets
iris=datasets.load_iris()   # 从数据库获得数据
data=iris.data   # 获得自变量数据
target=iris.target   # 获得样本的分类信息
import matplotlib.pyplot as plt
from mpl_toolkits.mplot3d import Axes3D
fig = plt.figure()
ax =Axes3D(fig)
ax.scatter(data[target==0,0], data[target==0,1], data[target==0,3],c='r',marker='o')
ax.scatter(data[target==1,0], data[target==1,1], data[target==1,3],c='b',marker='^')
ax.scatter(data[target==2,0], data[target==2,1], data[target==2,3],c='g',marker='v')
ax.set_xlim(min(data[:,0]), max(data[:,0]))
ax.set_ylim(min(data[:,1]), max(data[:,1]))
ax.set_zlim(min(data[:,3]),max(data[:,3]))
plt.show()
```

程序中，分别采用萼片的长、宽，花瓣的宽，在三维空间中观察鸢尾花的分类，程序运行结果如图 8.2.28 所示。

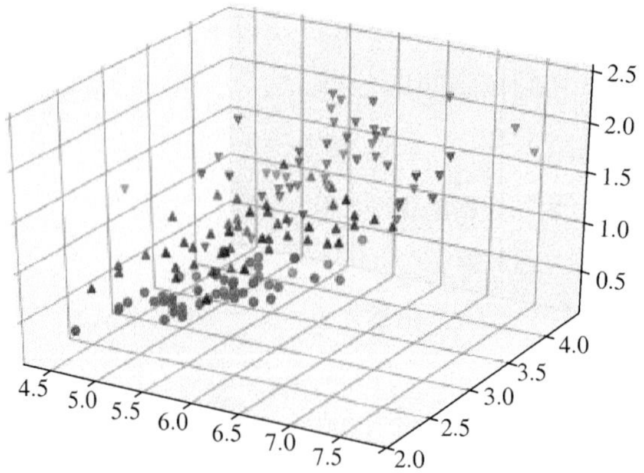

图 8.2.28　鸢尾花在三维空间的分布情况

8.3 优化与拟合

科学计算是指用针对性的算法，求解各学科中的计算问题。常见的科学计算问题包括建模、寻优、模式分类等。本节以 Python 的科学计算包 scipy 为基础讨论数据的优化拟合问题。

8.3.1 科学计算包 scipy 简介

scipy 是一组为解决科学计算而编写的程序包，它关注的是数据处理算法的程序实现，用来帮助研究者快速实现相关的数据处理。使用时只需将数据准备好，提交给这些算法即可。scipy 主要包模块和功能如表 8.3.1 所示：

表 8.3.1 scipy 各模块的功能

模块	功能	模块	功能
scipy.cluster	矢量量化 / K-均值聚类	scipy.ndimage	n 维图像包
scipy.constants	物理和数学常数	scipy.odr	正交距离回归
scipy.fftpack	傅里叶变换	scipy.optimize	优化
scipy.integrate	积分	scipy.signal	信号处理
scipy.interpolate	插值	scipy.sparse	稀疏矩阵
scipy.io	数据输入输出	scipy.spatial	空间数据结构和算法
scipy.linalg	线性代数	scipy.stats	统计

scipy 依赖于 numpy，所以使用 scipy 求解时，典型的程序开头语句为：

```
import numpy as np
from scipy import interpolate   # 根据需要选择包，这里假设采用 interpolate，内插值
```

8.3.2 寻优

寻优是指从给定的函数中找出函数的极值及对应极值的自变量取值，根据问题的复杂度可将寻优分为多种情况。scipy.optimize 包提供多种求极值的方案，包括极小值函数 fmin，使用 BFGS 算法（有兴趣的读者可以去了解 BFGS 算法）的 fmin_bfgs 函数、指定优化区间的 optimize.fminbound 函数，通过网格搜索的函数 brute 等，使用时根据问题的复杂度而定。

使用 scipy 寻优时，在程序的开头对优化函数进行引用，如：

```
from scipy.optimize importfmin
```

上述语句引用了 fmin 函数。

1. 单极值点函数

函数 $f(x)=x^2-4\times x+8$ 的曲线如图 8.3.1 所示。在 $x=2$ 的位置，函数有唯一最小值 4。

该类问题比较简单，直接使用 $f_{\min}$ 函数，给定寻优起始点即可求解。下面代码对 $f(x)=x^2-4\times x+8$ 寻优求解。

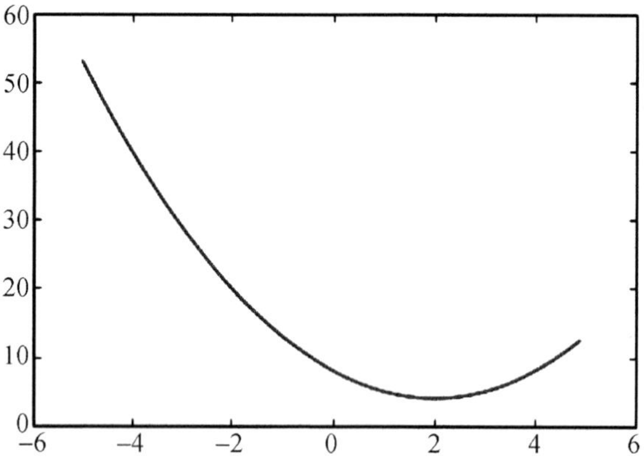

图 8.3.1　函数 $f(x)=x^2-4*x+8$ 的曲线

【例 8.3.1】　一维函数寻优

```
from scipy.optimize import fmin
import matplotlib.pyplot as plt
import numpy as np
def f(x):
    return x**2-4*x+8
x=np.arange(-5,5,0.1)
plt.plot(x,f(x))
plt.show()
print (fmin(f, 0))  # 0 为寻优起始点
```

代码中先定义被寻优函数 $f(x)$，通过语句 $f_{\min}(f,\ 0)$ 完成寻优。$f_{\min}$ 函数的调用中，使用了 f 函数作为参数，后面的参数值 0 是指 f 函数寻优的起始点，因为函数 f 只有一个参数，所以只需写值 0 即可。

程序的运行结果如下：

```
Optimization terminated successfully.
         Current function value: 4.000000
         Iterations: 27
         Function evaluations: 54
```

[2.]

即程序通过 27 次迭代，函数的最优值为 4，最优值的位置为 2，即 x 取值 2 时，达到了最优。

2. 高维空间寻优

$f_{\min}$支持高维空间的寻优，如函数：

$$z = x^2 + y^2 + 8$$

其三维曲面图如图 8.3.2 所示，函数在 $x=0$，$y=0$ 处有极小值。

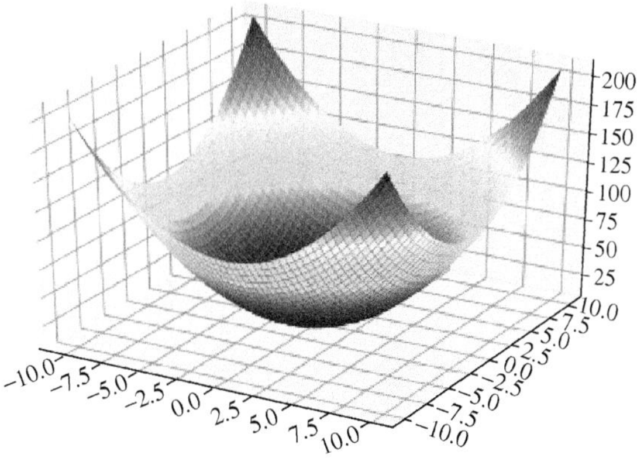

图 8.3.2　函数 $z=x^2+y^2+8$ 的曲面

$f_{\min}$函数对高维空间的寻优，只支持单参数的传递方式，所以高维寻优函数的设计格式，其形参表需要使用元组传递多参数。

程序代码见例 8.3.2。

【例 8.3.2】 对两维函数 $z=x^2+y^2+8$ 寻优

```
from scipy.optimize import fmin
def myfunc(p):          # 两维空间函数，参数必须以元组的形式传递
    x,y=p               # 对参数序列解包
    return x**2+y**2+8
p=(1,1)                 #将寻优起始点组成元组传递
print (fmin(myfunc, p ))
```

程序的执行结果如下：

```
Optimization terminated successfully.
         Current function value: 8.000000
         Iterations: 38
         Function evaluations: 69
[ -2.10235293e-05    2.54845649e-05]
```

3. 多极值点寻优

前面例子，函数都有唯一的全局最优解，所以寻优函数可以较方便地找到答案。但实际应用中，很多问题都存在着多个局部最优解和全局最优解的问题。该类问题的求解则与寻优的起始点有很大的关系。

函数 $y = x^2 + 10\sin(x)$ 在 $[-10, 10]$ 上的图形如图 8.3.3 所示。可以发现，函数有较多的极值，或者说，有局部最小值，也有全局最小值。该类函数的求解，往往需要将程序以不同的初值运行多次寻找答案。

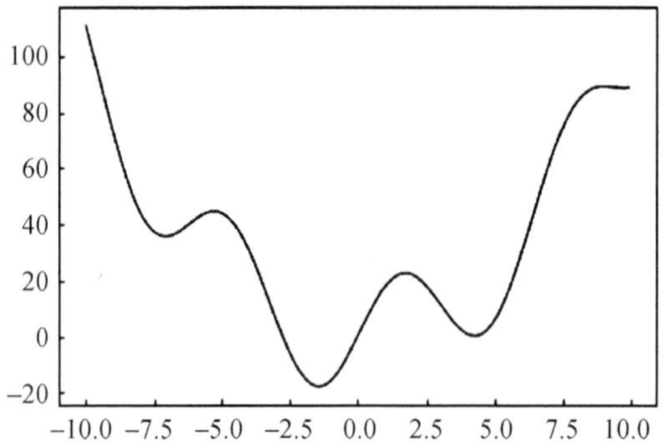

图 8.3.3　函数 $y=x^2+10\sin(x)$，存在多个最优解

【例 8.3.3】　$y = x^2 + 20\sin(x)$ 寻优

```
from scipy import optimize
import matplotlib.pyplot as plt
import numpy as np
def f(x):
    return x**2 + 20 * np.sin(x)
ans=optimize.fmin_bfgs(f, 0)
# 以 0 为起始点寻优
print(ans)
```

通过上述代码寻优，得到的结果如下：

```
Optimization terminated successfully.
         Current function value: -17.757257
         Iterations: 5
         Function evaluations: 24
         Gradient evaluations: 8
[-1.42755178]
```

从程序的运行结果看，当起始点设置为 0 时，它找到了 0 附近(−1.42755178)的最小极值点−17.757257，该解也是全局最优解。

将寻优的起始点，从 0 变成 5，即上述代码的寻优语句修改为：

```
ans=optimize.fmin_bfgs(f, 5)
```

计算得到的结果如下：

```
Optimization terminated successfully.
         Current function value: 0.158258
         Iterations: 5
         Function evaluations: 24
         Gradient evaluations: 8
[ 4.27109534]
```

程序只找到了 5 附近的局部最优解，并没有找到 0 附近的全局最优解。

4. 区间寻找最优

求解全局最优点的一种替代方案是采用 optimize.fminbound 函数，它在用户指定的区间范围内，寻找全局最优点。如下面实例：

【例 8.3.4】 求解 $y=x^2+10\sin(x)$ 的全局最优解

```
from scipy import optimize
import matplotlib.pyplot as plt
import numpy as np
def f(x):
    return x* *2 + 20 * np.sin(x)
ans = optimize.fminbound(f, -100, 100)
print(ans)
```

上述代码中，使用函数 fminbound 在[－100，100]区间范围内寻找全局最优点，得到的结果为：

```
-1.42755181859
```

可见，为了保证寻找到全局最优解，使用 fminbound 函数是一种不错的方案。

5. 指定网格寻优

scipy 提供了一种在给定的网格点中求解全局最优的方案，其函数为 optimize 中的 brute 函数。首先看下面三维空间中的复杂函数。

$$z=\sin(x)+0.05x^2+\sin(y)+0.05y^2$$

为确切观察函数在三维空间的极值分布情况，先用如下的程序制作其三维曲面，代码如下：

```
import numpy as np
from mpl_toolkits.mplot3d import Axes3D
```

```
import matplotlib as mpl
import matplotlib.pyplot as plt
def f(x,y):
    z=(np.sin(x)+0.05 * x * * 2) + np.sin(y)+0.05 * y * * 2
    return z
x=np.linspace(-10,10,50)
y=np.linspace(-10,10,50)
X,Y=np.meshgrid(x,y);
Z=f(X,Y)
fig=plt.figure(figsize=(9,6))
ax=Axes3D(fig)
surf=ax.plot_surface(X,Y,Z,rstride=2,cstride=2,
                     cmap=mpl.cm.coolwarm,
                     linewidth=0.5,antialiased=True)
ax.set_xlabel('x')
ax.set_ylabel('y')
ax.set_zlabel('z')
fig.colorbar(surf,shrink=0.5,aspect=5)
```

程序的执行结果如图 8.3.4 所示。

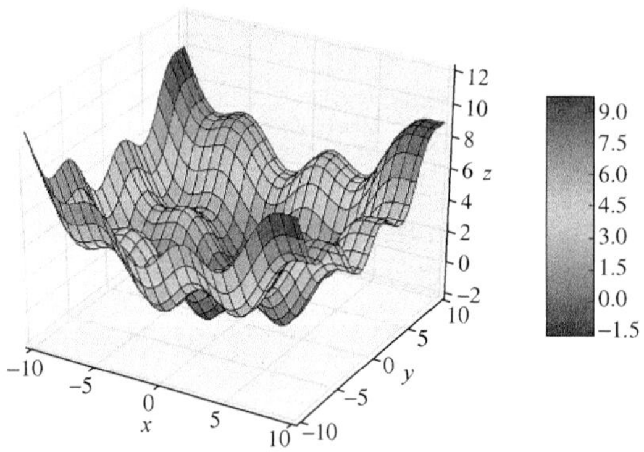

图 8.3.4　三维空间含大量局部最优的问题

函数在整个实数域中存在大量的局部最优点。此类问题很难从某个出发点达到全局最优。针对该类问题，scipy 提供的解决方案是：使用者提供全局寻优的网格点，通过网格搜索实现问题求解。

brute 函数要求用户定义函数时使用一个参数。因此对多变量函数，可用 tuple 形式传送，所以函数的定义修改为：

```
import numpy as np
def f(p):              # 用元组传递多维参数
```

```
    x,y=p
    ans=(np.sin(x)+0.05*x**2) + np.sin(y)+0.05*y**2
    return ans
```

调用 brute 的求解代码如下：

```
import scipy.optimize as opt
rranges = (slice(-10, 10, 0.1), slice(-10, 10, 0.1))  # 定义寻优网格点
res=opt.brute(f,rranges)
```

其网格定义的含义为：x 和 y 都在 $-10,10$ 区间内，采用步长 0.1 进行网格搜索求最优解。

6. 条件约束的优化

实际优化问题，常会附加一些限制条件，此类问题就是有约束的优化问题。scipy 的优化包 optimize 中提供的 minimize 函数，可以完成此类问题的求解。

使用 minimize 函数时，除提供优化函数本身外，还需要提供约束条件，通常以一组不等式表达；此外，还需要提供每个参数的优化范围。

如下面的问题：

$$f(a,b)=(0.5\sqrt{a\times 15+b\times 5})+0.5\sqrt{a\times 5+b\times 12}$$

$$100\geqslant a\times 10+b\times 10$$

$$a,b\geqslant 0$$

求函数 f(a,b)在给定条件下的最大值。

因为 minimize 函数优化的是最小值，而上述问题求解的是最大值，所以在定义函数时，可以取函数的负值。而对条件及取值范围的限制，minimize 函数分别用 constraints 和 bounds 参数决定。

如下面案例代码所示：

程序：条件优化

```
import scipy.optimize as so
from math import sqrt
deffunc(x):
    ans=-(0.5*sqrt(x[0]*15+x[1]*5)+0.5*sqrt(x[0]*5+x[1]*12))
    return ans
fun1=lambda x:100-x[0]*10-x[1]*10    # 定义限制函数 100>=a*10+b*10
_constraints=({'type':'ineq','fun':fun1} )    # 条件限制,ineq 代表不等于
_bounds=((0,10),(0,10))    # 参数优化范围
result=so.minimize(func,(5,5),method='SLSQP',
                   bounds=_bounds,constraints=_constraints)
print(result)
```

上述代码将参数 a、b 转化为一个列表，分别对应于 $x[0]$和 $x[1]$，这样便可以很方便地将优化问题推广到更多参数的优化，只需将后续参数再转化为 $x[2]$、$x[3]$等等即可。

程序运行完毕后，result 的运算结果为：

```
message: 'Optimization terminated successfully.'
    njev: 5
    nfev: 21
     nit: 5
     jac: array([-0.48508096, -0.48489535,  0.        ])
       x: array([ 8.02547122,  1.97452878])
  status: 0
 success: True
     fun: -9.700883611487832
```

上述输出结果以一个字典的形式表达，其中最优位置为 reslut[x]，其结果为 array([8.02547122, 1.97452878])，即 $a=8.02547122$，$b=1.97452878$ 为最优解。此时函数的最优值可以通过－result['fun']获取，其值为 9.700883611487832。加负号的原因是函数的定义取了负数。

minimize 函数有很多种调用形式，也支持多个限制条件。详细资料可以参阅 http://docs.scipy.org/doc/scipy/reference/generated/scipy.optimize.minimize.html。当出现多个限制条件时，需将每个限制条件整理成大于 0 的表达式，以一个字典的形式写进一个元组中，并赋值给 minimize 函数的 constraint 参数，例如下面的多条件限制问题：

$$\min((x_1-1)^2+(x_2-2.5)^2)$$
$$x_1-2x_2+2\geqslant 0$$
$$-x_1-2x_2+6\geqslant 0$$
$$-x_1+2x_2+2\geqslant 0$$

有三个限制条件，因此需要定义三个表达函数。

程序代码为：

程序：多条件优化

```
import scipy.optimize as so
fun = lambda x: (x[0] - 1) ** 2 + (x[1] - 2.5) ** 2
cons = ({'type': 'ineq', 'fun': lambda x:  x[0] - 2 * x[1] + 2},
        {'type': 'ineq', 'fun': lambda x: -x[0] - 2 * x[1] + 6},
        {'type': 'ineq', 'fun': lambda x: -x[0] + 2 * x[1] + 2})   # 字典表达的限制条件
bnds = ((0, None), (0, None))   # x1、x2 的搜索范围，None 表示上限不限制
res = so.minimize(fun, (2, 0), method='SLSQP', bounds=bnds,constraints=cons)
```

res 的结果为：

```
message: 'Optimization terminated successfully.'
     njev: 3
     nfev: 13
      nit: 3
      jac: array([ 0.80000002, -1.59999999,   0. ])
        x: array([ 1.4,   1.7])
   status: 0
  success: True
      fun: 0.80000000119209846
```

8.3.3 代数方程求根及方程组求解

1. 代数方程求根

高次代数方程求根，可以转化为优化问题，因此也可以使用 optimize 包求解。该包中的 fsolve 函数，从用户指定的起点开始，寻找 $f(x)=0$ 时 x 的值，即方程的根。

下面代码是求解函数 $y=x^2+20\sin(x)$ 的根程序。该函数在[−20,20]区间内的曲线如图 8.3.5 所示，它有多个根。使用 fsolve 函数求其根的代码如下：

```
from scipy import optimize
import matplotlib.pyplot as plt
import numpy as np
def f(x):
    return x**2 + 20 * np.sin(x)
ans = optimize.fsolve(f, -4)   # 从-4开始求根
print(ans)
```

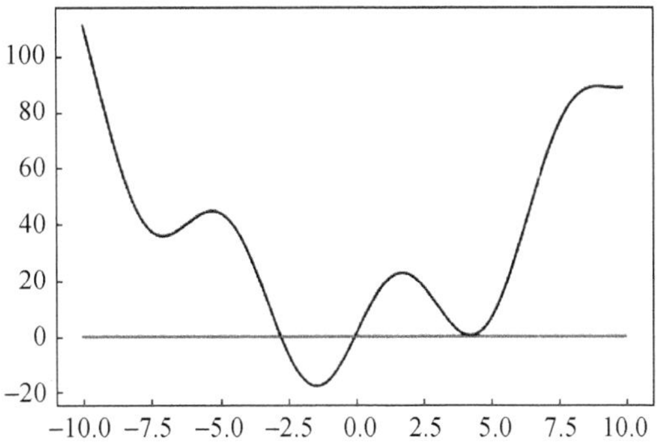

图 8.3.5　函数 $y=x^2+20\sin(x)$ 曲线

程序的运行结果如下：

```
[-2.75294663]
```

从−4 出发，它找到了左侧的一个根。

改变优化的起始点，将程序语句修改如下：

```
ans = optimize.fsolve(f, 1)
```

程序的运行结果为：

```
[ 0.]
```

它找到了右侧的根。说明初值的不同，所求答案是不同的。因此对该类问题，需要从不同的初值进行尝试。

3.2.3 节中我们用二分法求解了 0.01 mol/L 的醋酸溶液的氢离子的浓度，其问题的实质是求解了一个一元三次方程的根，因而也可以使用 optimize.fsolve 函数求解，下面就是其代码：

```
from scipy import optimize
ka=10 * * (-4.56)
kw=1e-14
kakw=ka * kw
c=0.01
def fx(x):
    f=x * * 3 + ka * x * * 2 -(ka * c + kw) * x-kakw
    return f
ans = optimize.fsolve(fx, 0.1)
print(ans)
```

程序运行的结果为：[0.00051122]，与 3.2.3 节我们自己编写的二分法所求结果一致。

2. 代数方程组求解

scipy. optimize 的 fsolve 函数的另一个更强大的功能是求解方程组。求解时，只需将方程组的右边全部规划为 0，写成如下的格式：

$$f_1(x_1, x_2, \cdots, x_n)=0$$

$$f_2(x_1, x_2, \cdots, x_n)=0$$

然后将上述的方程组定义为如下格式的 Python 函数：

```
def f(x):
  x1,x2,…, xn=x
  return [f1(x1, x2,…, xn), f2(x1,x2,…, xn),….]
```

上面函数的实质，是将一组 x 的值，传递给函数，并立即解包成多维空间中的各个分量，利用这些分量表达每个方程，将方程的值形成一个列表，将该列表作为函数的优化目标，当每个函数的取值都为 0 时，就达到了优化的目的。

如对于如下的非线性方程组：

$$\begin{cases}2x_1+3=0\\4x_0^2+\sin(x_1x_2)=0\\x_1x_2/2-3=0\end{cases}$$

按前述规则，可以将求解代码编写如下：

```
from scipy.optimize import fsolve
from math import *
def f(x):
    x0, x1,x2 = x
    return [2 * x1+3, 4 * x0 * x0 + sin(x1 * x2), x1 * x2/2 - 3]
ans = fsolve(f, [1.0,1.0,1.0])
print (ans)
print (f(ans))
```

程序：非线性方程组求解

程序的运行结果如下：

```
[-0.26429884   -1.5   -4.]
[0.0, 1.1482453876610066e-10,  6.4002136923591024e-12]
```

即 $x_0=-0.26429884, x_1=-1.5, x_2=-4$ 为方程组的解，将该解代入方程，可以检验三个方程的取值是 0 或接近 0。

8.3.4 曲线拟合

1. 参数估算

参数估算指函数的形式已知，但函数中的一些参数有待通过实验测定的数据进行估算。scipy optimize 包中的 curve_fit 函数，用来解决这类问题。

从最简单的直线关系方程 $y=ax+b$ 入手，其中 a、b 为待估算的参数。

假设真实函数为 $y=2x+1$，则首先产生自变量 x 的一系列采样点，并在这些采样点的函数值上增加一些随机噪声，得到一系列的点作为离散实验点 (x_i, y_i)。在这些实验点的支持下，利用 scipy optimize 包中提供的 curve_fit 方法，求解系数 a 和 b，典型的程序代码如下：

```
from scipy import optimize
import matplotlib.pyplot as plt
import numpy as np
def f(x,a,b):
    return a * x + b
x = np.linspace(-10, 10, 30)  # 产生采样点
y = f(x,2,1)  # 采样点的函数值
```

程序：曲线拟合

```
ynew= y+ 3 * np.random.normal(size=x.size)   # 产生带噪声的数据点,
#此时,x 和 ynew 可以认为是实验获取的一系列离散实验点
popt, pcov = optimize.curve_fit(f,x,ynew)    # 曲线拟合,参数 f 定义了函数的形式
print(popt)
print (pcov)
plt.plot(x,y,color='r',label='orig')
plt.plot(x,popt[0] * x+popt[1],color='b',label='fitting')
plt.legend(loc='upper left')
plt.scatter(x,ynew)
plt.show()
```

程序的执行结果如图 8.3.6 所示。

```
popt= [ 1.99022068   0.34002638]
pcov= [[  6.14619911e-03   -1.53673628e-11]
       [ -1.53673628e-11   2.19002498e-01]]
```

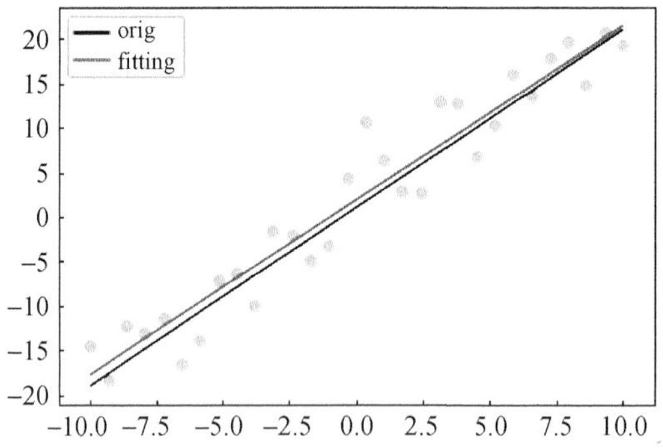

图 8.3.6　$y=2x+1$ 函数的曲线模拟

curve_fit 的输出结果中,popt 列表包含每个参数的拟合值,此例求得的 a 为 1.99022068,b 为 0.34002638。pcov 列表的对角元素是每个参数的方差。通过方差,可以评判拟合的质量,方差越小,拟合越可靠。

curve_fit 方法可以用来求解任意复杂的参数估计,只要研究者有能力获得足够的实验点(x_i,y_i),且问题能给出函数的确切表达形式即可。

2. 插值拟合

受多种因素(如费用和时间等)的影响,实验数据的获取很难做到采样间隔非常小。但采样点的多少,对进行其他计算如数值积分、趋势预测很有帮助。对这类问题,采用样条插值、线性插值、拉格朗日插值都是解决该类问题的算法,scipy 的 interpolate 包可以很方便地完成这样的任务。

下面的代码是正弦波函数的插值模拟情况。首先在[0,2π]区间里等间距产生了 10 个

采样点，计算其 sin 值并加 10%的噪声，作为模拟试验采集得到的 10 个点。然后利用这 10 个点，采用线性、两次样条、三次样条插值函数插值拟合原函数 sin(x)。程序的代码如下：

程序：
样条插值拟合

```
import numpy as np
from scipy.interpolate import interp1d
import matplotlib.pyplot as plt
x=np.linspace(0,10 * np.pi,10)                # 产生 10 个点
y=np.sin(x) +np.random.random()/10            # 带噪声的采样点的函数值
fl=interp1d(x,y,kind='linear')                # 线性插值函数
fq=interp1d(x,y,kind='quadratic')             # 二次样条插值
fc=interp1d(x,y,kind='cubic')                 # 三次样条插值
xint=np.linspace(x.min(),x.max(),1000)        # 产生插值点
yintl=fl(xint)                                # 由线性插值得到的函数值
yintq=fq(xint)                                # 由二次样条插值函数计算得到的函数值
yintc=fc(xint)                                # 由三次样条插值函数计算得到的函数值
plt.plot(xint,yintl,color='r', linestyle='--',label='linear')
plt.plot(xint,yintq,color='b' ,label='quadr')
plt.plot(xint,yintc,color='b' ,linestyle='-.',label='cubic')
plt.legend()
plt.show()
```

程序运行的结果如图 8.3.7 所示。

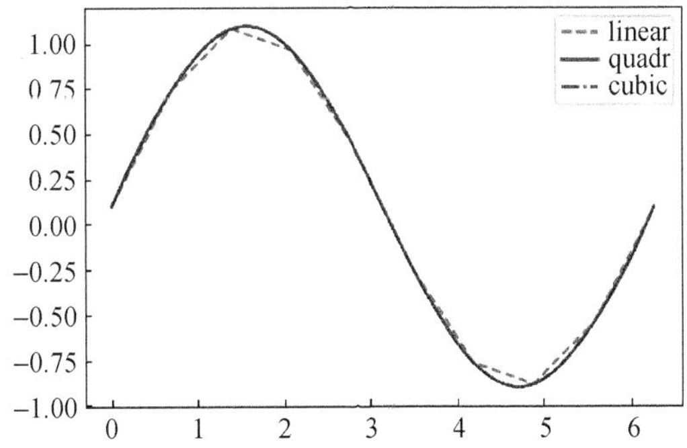

图 8.3.7 采用线性、二次及三次样条插值模拟 sin 的结果

从计算得到的图形结果看出，针对 sin 原函数，采用二次样条插值所获得的模拟结果是最好的，即模拟得到的 fq 是最理想的拟合函数。

读者可以尝试修改采样点的数目，再重新运行程序，查看插值与原函数的相似程度。可以发现，采样点越密集，插值效果就会越好。

8.4 机器学习

近年来，随着互联网技术及检测技术的飞速发展，计算机科学在各行各业中承担着越来越重要的角色。在我们的日常生活中，“大数据”“人工智能”“机器学习”“深度学习”等名词常见于诸报端。在计算机逐渐普及的近 40 年里，人类总是希望计算机越来越“聪明”。1997 年，IBM 公司深蓝计算机大战俄罗斯国际象棋大师，揭开了智能机器的序幕。2016 年，谷歌 alphago 战胜韩国围棋大师，又将人工智能推向了一个新的高峰。

大数据、机器学习、人工智能，三者之间密切相关。大数据里面蕴含的规律，需要计算机通过不断的学习挖掘、获取，并最终形成知识，从而使计算机变得更“聪明”。在众多的机器学习算法中，支持向量机、神经网络、决策树、贝叶斯分类等是经常使用的算法。

sklearn 是 Python 的机器学习模块，安装 anaconda 后，该模块即自动安装。sklearn 中包含了大量的机器学习算法，包括有监督、无监督、模型评估与变量选择等，详细内容和各种方法介绍，可以参阅官网中的说明。本节仅挑选其中的部分算法予以介绍。

8.4.1 机器学习的交叉验证策略

每种机器学习方法都需要验证模型的可靠性，最有效的验证方法是将新获取的数据输入机器学习模型，用已建立的模型求得其预测结果，并与新样本的真实值比较。但在机器学习的过程中，新样本往往还没有获得，因此，需要一种有效的策略来对模型进行检验。

一种有效的方法是交叉验证策略。所谓交叉验证，是指将给定的训练数据样本分成 n 份，拿出其中的 $n-1$ 份，用于训练建模，而将留出的一份作为验证。此过程完成后，将留出的一份与原来的 $n-1$ 份中的 1 份置换，再做一次建模和预测的过程。该过程一直循环直到每一份都被作为一次验证集，且只做过一次。将每个样本的预测误差加和，即可得到对模型可靠性的评估。

sklearn.model_selection 模块中的 KFold 函数，可以方便实现交叉验证策略的数据分割，是最普遍认可的方案。模块的 train_test_split 函数，则可以将样本随机分成训练集和测试集，是一种简单的模型快速验证方案。

两种方法的引用语句分别为：

```
from sklearn.model_selection import train_test_split
from sklearn.model_selection import KFold
```

8.4.2 支持向量机

支持向量机(Support Vector Machine，SVM)由 Cortes 和 Vapnik 于 1995 年首先提出，在求解小样本、非线性、高维空间模式识别问题中，表现出许多特有的优势。

SVM算法的基本原理是控制风险最小，也就是样本分类误判的风险最小。参见图8.4.1的分类问题。从图中可以看出，可以找到多条直线将该两类问题有效分开。

但这么多解中，哪个解的风险最小？在很多算法中，采用所有样本参与建模评估来得到答案。而SVM采用分类边界上的样本，称为支持向量，通过这些支持向量确定最佳分割线。

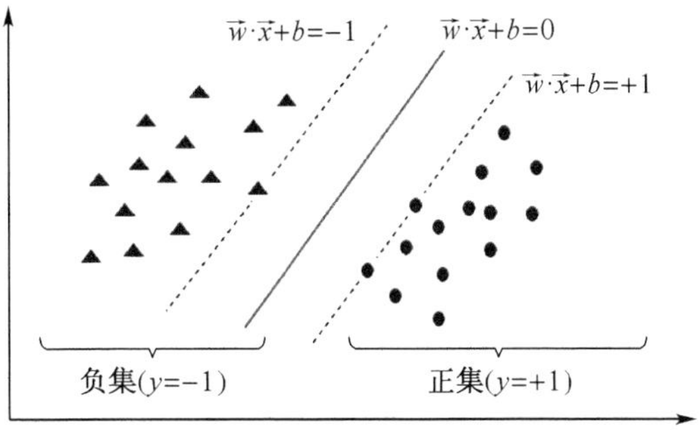

图8.4.1 两类问题分类svm示意图

sklearn库中提供的svm子集包含了多种支持向量机算法的实现方案。从大类上分，svm将问题分成两类：模式分类及回归建模。对分类问题，使用的SVC；对回归建模预测问题，使用SVR。具体算法特性及使用方法，请参阅网上相关文档。

【例8.4.1】 鸢尾花数据集在8.2.9节中已有介绍，采用sklearn提供的交叉验证方法，将数据集随机分割成两部分：训练集和验证集。用SVC算法建模并预报，程序的代码如下：

程序：鸢尾花支持向量机

```
from sklearn import datasets
from sklearn import svm
iris=datasets.load_iris()                   # 从数据库获得数据
X=iris.data                                 # 获得自变量数据
y=iris.target                               # 获得样本的分类信息
from sklearn.model_selection import train_test_split
data_train, data_test, target_train, target_test = train_test_split(X, y)
# 随机分割样本,train用于训练建模,test用于预测检验
svc = svm.SVC()                             # 生成svm的分类对象
model=svc.fit(data_train, target_train)     # 利用训练数据建立模型
pred = model.predict(data_test)             # 预报测试集
error=pred-target_test
print(target_test)
print(error)
```

程序执行的结果为：

```
[2 1 1 0 0 2 0 1 0 2 2 1 1 2 0 1 2 2 0 0 1 2 0 1 1 2 1 0 0 2 0 0 2 1 2 2 0 1]
[0 0 0 0 0 0 0 0 0 0 0 0 0 0 0 0 0 0 0 0 0 0 0 0 0 0 0 0 0 0 0 0 0 0 0 0 0 0]
```

结果的第一行，是测试集的原值，第二行是对测试集的预报误差，结果全为0，说明没有误判。

【例8.4.2】 采用n份交叉验证策略对鸢尾花数据集建模。n份交叉验证建模，通过

kFold 实现，其实现代码如下：

程序：鸢尾花支持向量机—交叉验证

```
from sklearn import datasets
from sklearn import svm
iris=datasets.load_iris()                          # 从数据库获得数据
X=iris.data                                        # 获得自变量数据
Y=iris.target                                      # 获得样本的分类信息
from sklearn.model_selection import KFold          # 引入 kFold
svc = svm.SVC()                                    # 生成 svm 的分类对象
kf = KFold(10)                                     # 分 10 份建模
for train_index, test_index in kf.split(X):        # 对每份样本建模预测
    X_train, X_test = X[train_index], X[test_index]
    y_train, y_test = Y[train_index], Y[test_index]
    model=svc.fit(X_train, y_train)                # 利用训练数据建立模型
    pred = model.predict(X_test)                   # 预报测试集
    error=pred-y_test
    print(error)
```

程序执行过程中对每份验证样本预测，其结果如下：

```
[0 0 0 0 0 0 0 0 0 0 0 0 0 0 0]
[0 0 0 0 0 0 0 0 0 0 0 0 0 0 0]
[0 0 0 0 0 0 0 0 0 0 0 0 0 0 0]
[0 0 0 0 0 0 0 0 0 0 0 0 0 0 0]
[0 0 0 0 0 0 0 0 0 0 1 0 0 0 0]
[0 0 1 0 0 0 0 0 1 0 0 0 0 0 0]
[0 0 0 0 0 0 0 0 0 0 0 0 0 0 0]
[ 0 -1 0 0 0 0 0 0 0 0 0 0 0 0 0]
[ 0 0 0 0 0 0 -1 0 0 0 0 0 0 -1 0]
[ 0 0 0 -1 0 0 0 0 0 0 0 0 0 0 0]
```

用 n 份交叉验证，建模者可以从每份预测样本的预测值对整个模型进行评估，均衡性比较好。

实际应用中，根据处理问题类型的不同，可以采用不同的向量机模型。对线性可分问题，使用线性模型，非线性分类，则可以采用非线性模型。如下面的两条语句，分别调用了不同的线性和非线性 SVM 模型。

```
svm = svm.SVC(kernel='linear')     # 线性模型
svm = svm.SVC(kernel='rbf')        # 非线性模型
```

【例 8.4.3】 股票交易中心每日都会产生与股价相关的大量数据，日积月累，变成数据的海洋，这其中自然隐含着某些规律。这里以沪市 50ETF 为例，下载其开市以来所有的周

K 线数据,如图 8.4.2 的 Excel 文件所示。

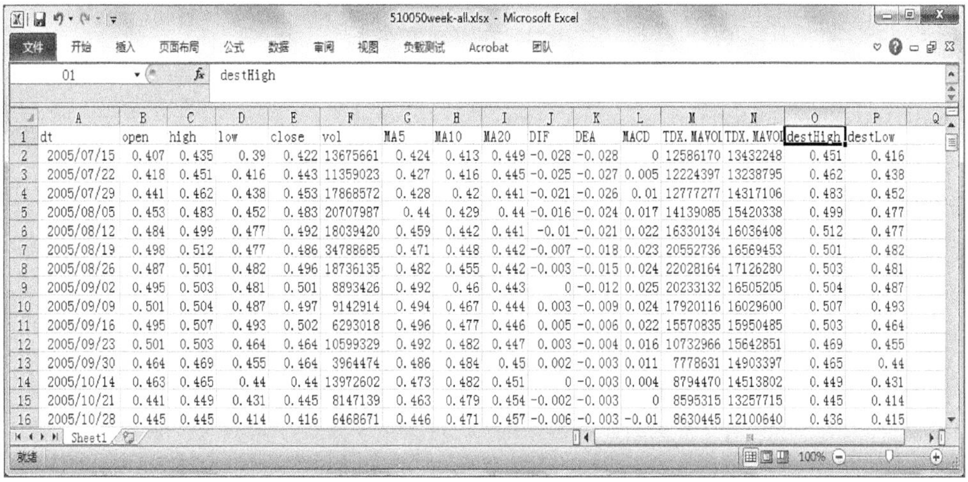

dt	open	high	low	close	vol	MA5	MA10	MA20	DIF	DEA	MACD	TDX.MAVOL	TDX.MAVOL	destHigh	destLow
2005/07/15	0.407	0.435	0.39	0.422	13675661	0.424	0.413	0.449	-0.028	-0.028	0	12586170	13432248	0.451	0.416
2005/07/22	0.418	0.451	0.416	0.443	11359023	0.427	0.416	0.445	-0.025	-0.027	0.005	12224397	13238795	0.462	0.438
2005/07/29	0.441	0.462	0.438	0.453	17868572	0.428	0.42	0.441	-0.021	-0.026	0.01	12777277	14317106	0.483	0.452
2005/08/05	0.453	0.483	0.452	0.483	20707987	0.44	0.429	0.44	-0.016	-0.024	0.017	14139085	15420338	0.499	0.477
2005/08/12	0.484	0.499	0.477	0.492	18039420	0.459	0.442	0.441	-0.01	-0.021	0.022	16330134	16036408	0.512	0.477
2005/08/19	0.498	0.512	0.477	0.486	34788685	0.471	0.448	0.442	-0.007	-0.018	0.023	20552736	16569453	0.501	0.482
2005/08/26	0.487	0.501	0.482	0.496	18736135	0.482	0.455	0.442	-0.003	-0.015	0.024	22028164	17126280	0.503	0.481
2005/09/02	0.495	0.503	0.481	0.501	8893426	0.492	0.46	0.443	0	-0.012	0.025	20233132	16505205	0.504	0.487
2005/09/09	0.501	0.504	0.487	0.497	9142914	0.494	0.467	0.444	0.003	-0.009	0.024	17920116	16029600	0.507	0.493
2005/09/16	0.495	0.507	0.493	0.502	6293018	0.496	0.477	0.446	0.005	-0.006	0.022	15570835	15950485	0.503	0.464
2005/09/23	0.501	0.503	0.464	0.464	10599329	0.492	0.482	0.447	0.003	-0.004	0.016	10732966	15642851	0.469	0.455
2005/09/30	0.464	0.469	0.455	0.464	3964474	0.486	0.484	0.45	0.002	-0.003	0.011	7778631	14903397	0.465	0.44
2005/10/14	0.463	0.465	0.44	0.44	13972602	0.473	0.482	0.451	0	-0.003	0.004	8794470	14513802	0.449	0.431
2005/10/21	0.441	0.449	0.431	0.445	8147139	0.463	0.479	0.454	-0.002	-0.003	0	8595315	13257715	0.445	0.414
2005/10/28	0.445	0.445	0.414	0.416	6468671	0.446	0.471	0.457	-0.006	-0.003	-0.01	8630445	12100640	0.436	0.415

图 8.4.2 A 股 50ETF 周 K 数据

每个交易日的交易数据包括:开盘、最高、最低、各周期均线等。现在根据每天交易的信息,使用支持向量机方法建模,预测后续交易日指数的最高和最低位值。

对获取的 excel 文件,采用 pandas 将数据读入程序,考虑到不同的数据列数值量级差异很大,所以建模计算前,将其按列作数据预处理,将每列归为均值为 0,方差为 1。最后,将表的前 13 列作为自变量,最后两列作为函数展开建模。实现建模的 Python 代码如下:

```
import pandas as pd
import numpy as np
data=pd.rcad_cxccl(r"E:\\00\\510050week-all.xlsx",index_col=0,header=0)
# 文件中,第一列为日期,第一行为标题,读取时予以指定
yHigh=np.array(data['destHigh'])  # 最高价格列,作为函数
yLow=np.array(data['destLow'])  # 最低价格列,作为函数
X=np.array(data)
X=X[:,:13]  # 数据的前 13 列作为自变量

std=X.std(axis=0)  # 取每列方差
mean=X.mean(axis=0)  # 每列的均值
X=X-mean  # 每列减去其均值
X=X/std  # 每列再除其方差

from sklearn import svm
from sklearn.model_selection import train_test_split
highX_train, highX_test, highY_train, highY_test = train_test_split(X, yHigh)  # 分割样本
```

程序:
股票指数预测

```
svr = svm.NuSVR(kernel='rbf')  # 采用支持向量机回归算法
modelHigh=svr.fit(highX_train, highY_train)
predHigh = modelHigh.predict(highX_test)  # 预报测试集
error=(predHigh-highY_test)/highY_test * 100  # 计算真值与预测值的误差
resultHigh=np.c_[highY_test,predHigh,error]
print("高位值预测结果")
print(resultHigh)
# 对低位值建模
lowX_train, lowX_test, lowY_train, lowY_test = train_test_split(X, yLow)  # 分割样本
svr = svm.NuSVR(kernel='rbf')
modelLow=svr.fit(lowX_train, lowY_train)
predLow = modelLow.predict(lowX_test)  # 预报测试集
error=(predLow-lowY_test)/lowY_test * 100
resultLow=np.c_[lowY_test,predLow,error]
print("低位值预测结果")
print(resultLow)
```

程序在运行后,前几行的高位预测结果如下:

```
[[ 1.618    1.65159614    2.07639928]
 [ 2.382    2.31447885   -2.83464114]
 [ 1.399    1.43347895    2.46454284]
 [ 1.703    1.66893212   -2.00046273]
 [ 2.372    2.38187907    0.41648697]
 [ 1.552    1.6198028     4.3687368 ]
 [ 2.249    2.23597263   -0.57925156]]
```

结果中,第一列为真实值,第二列为预测值,第三列为百分误差。由于用于预测的数据都排除在建模数据外(独立测试),而预测的误差不大,说明建立的模型可以发现数据中的某些规律。机器学习是有效的规律发现过程,在数据量不断积累后,机器学习算法将更加体现其优势。

8.4.3 贝叶斯分类

贝叶斯分类是一类基于概率统计理论进行分类的算法的总称,这类算法均以贝叶斯定理为基础。

贝叶斯定理求解的问题为:已知某条件概率,如何得到两个事件交换后的概率。也就是在已知 $P(A|B)$的情况下,如何求得 $P(B|A)$。条件概率 $P(A|B)$的定义则为:事件 B 已发生的前提下,事件 A 发生的概率,称作事件 B 发生下事件 A 的条件概率。条件概率的求解公式为:

$$P(A \mid B) = \frac{P(AB)}{P(B)}$$

贝叶斯定理求解 $P(B|A)$ 公式为：

$$P(B \mid A) = \frac{P(A \mid B)P(B)}{P(A)}$$

朴素贝叶斯(Naïve Bayes,NB)分类是贝叶斯分类中的一种,之所以称它为朴素贝叶斯,就是因为它的想法很朴素。现实生活中人们去判断某件事作出结论时,通常以最大概率为准。

以一组简单的数据来描述朴素贝叶斯如何实现分类更能说明问题。设采集了一组外国留学生的简单信息,以肤色作为数据特征,来判断其来源地,得到的信息罗列于表 8.4.1。

表 8.4.1　朴素贝叶斯分类样本集

编号	肤色	来源地	编号	肤色	来源地
1	黑	非洲	5	黑	美洲
2	黑	非洲	6	黑	非洲
3	棕	美洲	7	黑	非洲
4	棕	美洲			

此时,统计来自非洲的学生(即事件 B“非洲”发生条件下),事件 A“肤色黑”发生的概率为

$$P_{黑|非洲} = 100\%$$

统计事件 B“美洲”发生条件下,事件 A“肤色黑”发生的概率 $P_{黑|美洲} = 1/3$。现在给定一个事件 A“肤色黑”,判断其“来源地”事件 B 的概率,可以计算如下:

$$\begin{aligned} P_{非洲|黑} &= P_{黑|非洲} \times P_{非洲} / P_{黑} = 100\% \times (样本中非洲的概率)/(样本中肤色黑的概率) \\ &= 1 \times (4/7)/(5/7) = 4/5 \end{aligned}$$

$$\begin{aligned} P_{美洲|黑} &= 1/3 \times (样本中美洲的概率)/(样本中肤色黑的概率) \\ &= 1/3 \times (3/7)/(5/7) = 1/3 \times 3/5 = 20\% \end{aligned}$$

由此根据大概率原则,可以判断此人来自非洲。

上述例子中对象的特征是非连续值,如“黑”可用 1 表达,“棕”用 2 表达,因而很容易计算其出现的概率。实际科学计算问题中,对象特征常常是连续的数值。在这种情况下,贝叶斯认为样本服从正态分布,因而可以使用正态分布计算其概率,公式如下:

$$g(x, \eta, \sigma) = \frac{1}{\sqrt{2\pi}\sigma} e^{\frac{-(x-\eta)^2}{2\sigma^2}}$$

其中 x 是样本集,σ 为方差,η 为均值。

对训练集中样本分类 c_i,对象特征 a_k 的条件概率可根据下式计算:

$$P(a_k \mid c_i) = g(a_k, \eta_{ci}, \sigma_{ci})$$

从而使得贝叶斯算法容易实施。

在很多情况下，朴素贝叶斯分类算法可以与决策树和神经网络分类算法相媲美，且方法简单、分类准确率高、速度快。

Sklearn 的 naive_bayes 包中含有朴素贝叶斯，使用过程也被 sklearn 统一了调用格式，与前面提到的支持向量机调用格式类似。使用朴素贝叶斯算法完成鸢尾花数据库的分类代码如下：

程序：
鸢尾花贝叶斯

```
from sklearn import datasets
from sklearn.naive_bayes import GaussianNB
iris=datasets.load_iris()
X=iris.data
y=iris.target
from sklearn.model_selection import train_test_split
data_train, data_test, target_train, target_test = train_test_split(X, y)
bayes = GaussianNB()   # 生成
model=bayes.fit(data_train, target_train)
pred = model.predict(data_test)
error=pred-target_test
print(target_test)
print(error)
```

程序运行的结果如下：

```
[2 1 0 0 1 0 2 1 2 2 0 0 2 1 0 2 1 1 2 1 2 1 1 0 1 0 1 0 2 2 1 0 0 2 0 1 2 0]
[0 1 0 0 0 0 0 0 0 0 0 0 0 0 0 0 0 0 0 1 0 0 0 0 0 0 0 0 0 0 0 0 0 0 0 0 0 0]
```

比较支持向量机的结果，朴素贝叶斯的分类结果也很好。

8.4.4 决策树与随机森林

决策树利用已知事件的发生概率，以图解法实现问题的求解，因图解结果类似树状，故称决策树。当由多棵树按众数作为分类决策时，就被称为随机森林。

1. 决策树

sklearn 中的 tree 包提供了决策树 DecisionTreeClassifier 类，使用过程与前面提到的支持向量机算法非常类似。对鸢尾花数据库的分类，使用决策树算法的代码如下：

程序：决策树

```
from sklearn import datasets
from sklearn import tree
iris=datasets.load_iris()
X=iris.data
```

```
y=iris.target

from sklearn.model_selection import train_test_split
data_train, data_test, target_train, target_test = train_test_split(X, y)

dtree = tree.DecisionTreeClassifier()
model=dtree.fit(data_train, target_train)
pred = model.predict(data_test)
error=pred-target_test
print(target_test)
print(error)
```

程序运行结果如下：

```
[0 2 2 2 2 2 1 1 0 1 2 2 2 1 1 2 2 0 1 1 0 1 0 1 0 0 1 1 2 0 2 0 1 2 0 2 1 1]
[0 0 0 0 0 0 0 0 0 1 0 0 0 0 0 0 0 0 0 0 0 0 0 0 0 0 0 0 0 0 0 0 0 0 0 0 0 0]
```

2. 随机森林

随机森林，顾名思义，是存在多棵树的一种判决系统，其输出的类别由不同树输出类别的众数而定。Leo Breiman 和 Adele Cutler 提出随机森林的算法，而“Random Forests”是他们的商标。

sklearn 的 ensemble 包中包含随机森林算法，使用时通过如下语句引用：

```
from sklearn.ensemble import RandomForestClassifier
```

采用 10 棵树形成的随机森林作为判别树，判断鸢尾花数据库的代码如下：

程序：森林

```
from sklearn import datasets
from sklearn.ensemble import RandomForestClassifier
iris=datasets.load_iris()
X=iris.data
y=iris.target

from sklearn.model_selection import train_test_split
data_train, data_test, target_train, target_test = train_test_split(X, y)

dtree = RandomForestClassifier(10)    # 10 棵树
model=dtree.fit(data_train, target_train)
pred = model.predict(data_test)
error=pred-target_test
print(target_test)
print(error)
```

程序运行的结果如下：

```
[0 0 1 2 2 1 1 1 2 1 2 0 0 1 0 2 1 1 2 1 2 0 0 1 2  0 1 1 2 2 1 0 2 2 0 2 2 1]
[0 0 0 0 0 0 0 0 0 0 0 0 0 0 0 0 1 0 0 0 0 0 0 0 -1  0 0 0 0 0 0 0 0 0 0 0 0 0]
```

8.4.5 变量重要性及变量选择

对多变量统计分类、建模问题，人们经常关心的一个问题是：如此多的变量，哪些对函数分类的影响是最重要的，哪些可以忽略不计？这对控制问题的复杂度，建立鲁棒(Robustic)模型非常重要。对此类问题的求解，sklearn.feature_selection 包提供了较完整的方案。

1. F 检验选择法

鸢尾花数据集中有 4 个变量，已知这 4 个变量对鸢尾花的分类有显著作用。现在在原有的 4 个特征的基础上，增加 20 个随机生成的特征。很明显，新增的随机特征对鸢尾花的分类是没有意义的。现在，我们希望通过对变量的显著性分析，判断出对鸢尾花分类起关键作用的 4 个特征。

对分类问题，sklearn.feature_selection 中提供的 f_classif 用于判断变量对分类的显著性，对回归建模问题，则可以使用 f_regression 判断变量的显著性。而配合 f 检验值计算，sklearn.feature_selection 的 SelectPercentile 类可用于快速获取对函数有显著作用的变量。

对鸢尾花分类有显著作用的变量的判别代码如下：

程序:F 检验选择变量

```
import numpy as np
import matplotlib.pyplot as plt
from sklearn import datasets
from sklearn.feature_selection import SelectPercentile, f_classif
iris = datasets.load_iris()

noise = np.random.random(size=(len(iris.data), 20))    # 20 个噪声特征，与分类无关
X = np.c_[iris.data, noise]                            # 将噪声数据与原数据合并成 X 数据
y = iris.target
X_indices = np.arange(X.shape[-1])                     # 给每个变量一个序号，从 0 开始
#用 F 检验对特征打分实现单变量特征选择
#使用默认的选择函数，选择 10%最重要的特征
selector = SelectPercentile(f_classif, percentile=10)
selector.fit(X, y)
scores = -np.log10(selector.pvalues_)                  # 得到每个变量重要性，p 值的对数
scores /= scores.max()                                 # 最大值归 1
plt.bar(X_indices-.45, scores, width=.2)
plt.xlabel('Feature index')
plt.ylabel('Feature log score')
```

```
plt.yticks(())
plt.show()
```

程序运行的结果如图 8.4.3 所示：

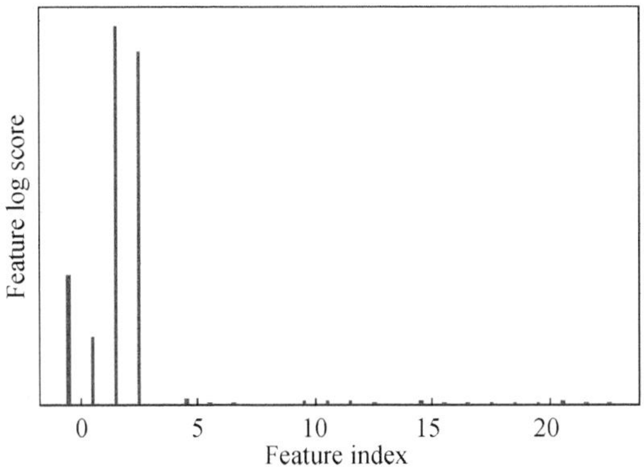

图 8.4.3　变量选择结果

从图中发现，变量选择法的得分最大的 4 个特征，正是原始数据集中的 4 个变量。

2. 随机森林选择法

sklearn 中的每种森林机器学习算法，经过训练后，都有一个方法获得变量的重要性，它就是 feature_importances_，经典的语句为：

```
dtree = RandomForestClassifier(10)            # 建立随机森林
model=dtree.fit(data_train, target_train)     # 建立模型
importances = dtree.feature_importances_      # 获得变量的重要性，值越大越重要
std = np.std( [tree.feature_importances_ for tree in dtree.estimators_] , axis=0)
# std 是每个特征的方差
```

后续对 std 变量作图，即可观察变量的重要性。

下面仍以鸢尾花数据集为例，在原有 4 个变量的基础上增加 20 列随机噪声。以随机森林选择法计算 24 个变量的重要性。程序代码如下，所得计算结果如图 8.4.4 所示：

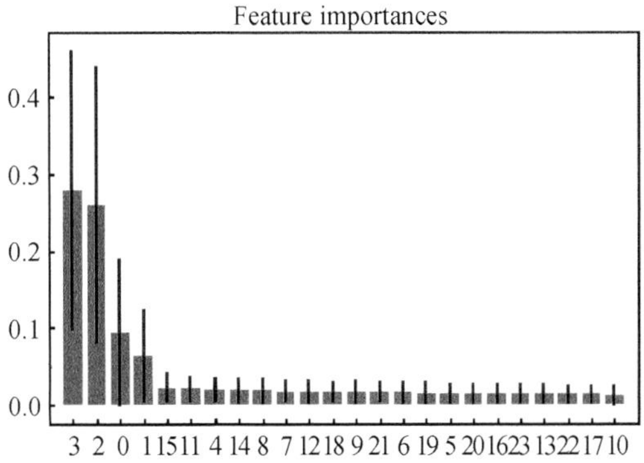

图 8.4.4　随机森林计算得到的变量的重要性

程序：随机森林选择变量

```
import numpy as np
import matplotlib.pyplot as plt
from sklearn.ensemble import ExtraTreesClassifier
from sklearn import datasets

iris = datasets.load_iris()
noise = np.random.random(size=(len(iris.data), 20))    # 生成 20 个噪声特征，与分类无关
X = np.c_[iris.data, noise]                             # 将噪声数据与原来的数据合并
y = iris.target
X_indices = np.arange(X.shape[-1])
forest = ExtraTreesClassifier(n_estimators=250, random_state=0)   # 建立森林
forest.fit(X, y)
importances = forest.feature_importances_               # 获得特征的重要性
std = np.std([tree.feature_importances_ for tree in forest.estimators_], axis=0)
indices = np.argsort(importances)[::-1]                 # 按重要性排序
print("特征排序:")
for f in range(X.shape[1]):
    print("%d.特征 %d (%f)" % (f + 1, indices[f], importances[indices[f]]))
plt.figure()
plt.title("Feature importances")
plt.bar(range(X.shape[1]), importances[indices],
   color="r", yerr=std[indices], align="center")
plt.xticks(range(X.shape[1]), indices)
plt.xlim([-1, X.shape[1]])
plt.show()
```

程序计算结果如下所示：

```
特征排序:
1. 特征 3 (0.263369)
2. 特征 2 (0.262983)
3. 特征 0 (0.089232)
4. 特征 1 (0.066007)
5. 特征 10 (0.021615)
6. 特征 7 (0.019682)
7. 特征 19 (0.018537)
……
```

从计算结果可以看出，随机森林也将 4 个有效变量选择了出来，且标注了变量的序号，结论与 F 检验选择的变量一致。

8.4.6 空间降维及有效特征提取

SVD分解通过提取兼并线性相关的变量降低空间维数，从而使得某些用多元线性回归难以求解的问题得以用主成分回归求解。sklearn包中提供了decomosition包，并在该包中提供了PCA算法及其很多变种，也是处理降维问题的方案。这些算法的具体应用案例，可以参阅 http://scikit-learn.org/stable/modules/decomposition.html，本节挑选其部分内容讨论。

1. 主成分分析 PCA

该类对应于传统PCA，与8.1.4节中利用numpy的SVD编写的PCA类一致。使用时在程序中通过下述语句引用：

```
from sklearn.decomposition import PCA
```

每个鸢尾花样本用4个变量表述，所以原始空间为4维，样本在空间的分布情况难以直观表达。所以可以选择PCA对其分解，选择前两个主成分组成二维空间实现数据的可视化。

下面的例子分别是利用数据的第1和第3列、PCA前两个主成分作图所得结果。程序代码如下：

程序：鸢尾花主成分投影

```
from sklearn import datasets
iris=datasets.load_iris()   # 从数据库获得数据
data=iris.data              #获得自变量数据
target=iris.target          # 获得样本的分类信息
from pylab import plot, show
plot(data[target==0,0],data[target==0,2],'b^')
plot(data[target==1,0],data[target==1,2],'r*')
plot(data[target==2,0],data[target==2,2],'go')
show()
from sklearn.decomposition import PCA   # 引用PCA类
pca = PCA(n_components=4)
pcad = pca.fit_transform(data)
plot(pcad[target==0,0],pcad[target==0,1],'b^')
plot(pcad[target==1,0],pcad[target==1,1],'r*')
plot(pcad[target==2,0],pcad[target==2,1],'go')
show()
```

程序运行结果如图8.4.5所示，其中8.4.5(a)为原始变量作图结果，8.4.5(b)为PCA作图结果。

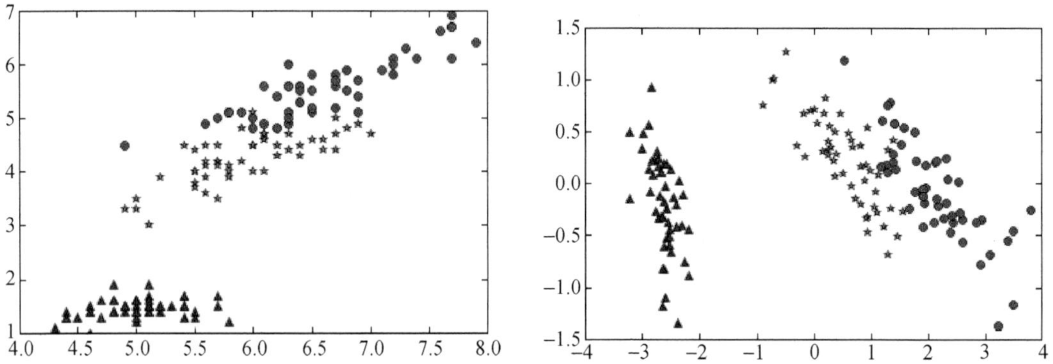

(a) 第 1 和第 3 变量直接作图　　(b) PCA 前两个主成分作图

图 8.4.5　鸢尾花直接选两变量及 PCA 降维投影图

2. 核 PCA

核 PCA 用类 KernelPCA 实现。核 PCA 用于非线性问题的分类，对非线性可分问题，使用 KernelPCA 可以得到非常好的效果。

下面代码是 Mathieu Blondel 编写的用于测试 KernelPCA 的案例。该例是一个非线性可分的问题，使用 PCA 分解时，由于两类间是包含关系，无法达到分类效果，但使用核 PCA，问题得到了很好的解决。程序代码如下：

程序：核 PCA

```
# Authors: Mathieu Blondel, Andreas Mueller
import numpy as np
import matplotlib.pyplot as plt
from sklearn.decomposition import PCA, KernelPCA
from sklearn.datasets import make_circles
np.random.seed(0)
X, y = make_circles(n_samples=400, factor=.3, noise=.05)
kpca = KernelPCA(kernel="rbf", fit_inverse_transform=True, gamma=10)
X_kpca = kpca.fit_transform(X)
X_back = kpca.inverse_transform(X_kpca)
pca = PCA()
X_pca = pca.fit_transform(X)
reds = y == 0
blues = y == 1
plt.figure()

plt.subplot(2, 2, 1, aspect='equal')
plt.title("Original space")
plt.plot(X[reds, 0], X[reds, 1], "r^")
plt.plot(X[blues, 0], X[blues, 1], "b+")
```

```
plt.xlabel("x1")
plt.ylabel("x2")
plt.subplot(2, 2, 2, aspect='equal')
plt.plot(X_pca[reds, 0], X_pca[reds, 1], "r^")
plt.plot(X_pca[blues, 0], X_pca[blues, 1], "b+")
plt.title("Projection by PCA")
plt.xlabel("1st PC")
plt.ylabel("2nd PC")

plt.subplot(2, 2, 3, aspect='equal')
plt.plot(X_kpca[reds, 0], X_kpca[reds, 1], "r^")
plt.plot(X_kpca[blues, 0], X_kpca[blues, 1], "b+")
plt.title("Projection by KPCA")
plt.xlabel("1st PC ")
plt.ylabel("2nd PC")

plt.subplot(2, 2, 4, aspect='equal')
plt.plot(X_back[reds, 0], X_back[reds, 1], "r^")
plt.plot(X_back[blues, 0], X_back[blues, 1], "b+")
plt.title("Original space after inverse transform")
plt.xlabel("x_1")
plt.ylabel("x_2")
plt.show()
```

程序的运行结果如图 8.4.6 所示。

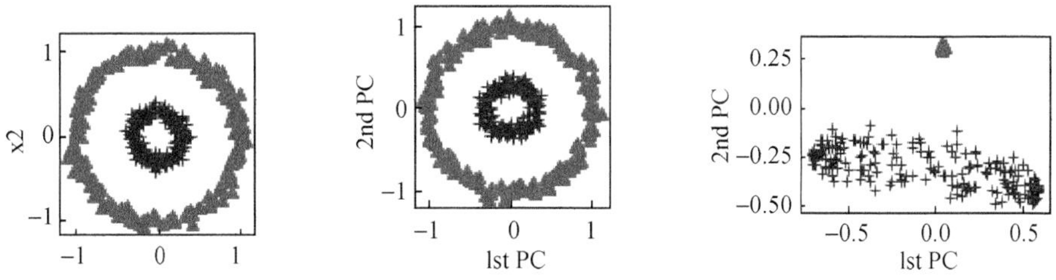

(a) 原空间图　　(b) PCA 投影图　　(c) KPCA 投影

图 8.4.6　KPCA 分类非线性问题

可以发现，图 8.4.6(a)和(b)几乎无差异，即这类包含问题，PCA 是难以求解的，但使用 KPCA，如图 8.4.6(c)所示，可以得到很好的解决。

总之，空间降维在模式分类、建模预测中应用广泛，深入地对其进行理解需要阅读更多的相关理论及研究相关案例。

8.4.7 小麦分类重要变量选择

小麦的质量,可以通过小麦颗粒的光泽度、几何尺寸来判别,是一个典型的统计模式识别问题。本例中,将小麦颗粒平铺,用数码相机拍照,通过图像处理,获得每个小麦颗粒的光泽、几何尺寸等数据,最后通过对这些数据的 PCA 分析,建立小麦颗粒的质量模式。

首先整理小麦颗粒的数据,每个小麦颗粒由 24 个指标描述,数据放在一行,整理成一个文本文件,将这些小麦颗粒的人眼分类结果编写到另一个文件,它只有 1 列,优质小麦颗粒标记为 1,劣质为−1。

由于每个小麦颗粒有 24 个特征,因此可采用降维的方法提取其关键信息,然后在低维空间中进行投影查看其自然聚集情况,这可以通过主成分分解来完成。下面是程序的代码。

程序:小麦分类

```
import numpy as np
from PCA import PCA                # 利用 8.1.7 节的 PCA 类
from pylab import *
A = np.loadtxt(r"E:\teach\Python\data\wheat_train_PCA_X.txt")
B=np.loadtxt(r"E:\teach\Python\data\wheat_train_PCA_Y.txt")  # 分类信息
avg=A.mean(axis=0)
std=A.std(axis=0)
A=A-avg
A=A/std                            # 将数据自标度化
pca = PCA(A)
compare = pca.SVDdecompose()
T,P = pca.PCAdecompose(2)
class1idx = np.where(B==1.0)   # 把每类数据取出来
TClass1=T[class1idx]

class2idx = np.where(B! =1.0)
TClass2=T[class2idx]
# 画得分散点图
figure(1)
plot(TClass1[:,0],TClass1[:,1], 'ro', label='good')
plot(TClass2[:,0],TClass2[:,1], 'b*', label='bad')
legend(loc='upper left')
# 画载荷的贡献图
figure(2)
i=0
for row in P:
    oneVariable=np.array([[0.0,0.0],[row[0],row[1]]])
```

```
        plot(oneVariable[:,0],oneVariable[:,1],label=str(i))
        annotate(str(i), xy=(row[0], row[1]), xycoords='data', xytext=(+1, +1),
                    textcoords='offset points', fontsize=16)
        i = i+1
    show()
```

整个程序的思路为:先读取特征数据到 ***A*** 矩阵,再读取分类信息到 ***B*** 矩阵。接下来对数据按列进行预处理,这么做的原因是不同的列,量纲不同,数值差异大。处理后,每个特征变成均值为 0,偏差为 1。预处理后的数据经过主成分分解,获取得分矩阵 ***T*** 和载荷矩阵 ***P***。最后根据分类信息将不同类别的样本分开,保存在 Tclass1 和 Tclass2 两个列表中,作图显示。

载荷矩阵的贡献图,描述的是每个物理特征(共 24 个)对分类的贡献。载荷图中,每个物理量被表达为起于原点的一条直线。判断每个物理量的模长及向量的方向,并与对应的得分图中样本分开的方向一并考虑,可以挑选出对分类起主要贡献的物理量。程序的执行结果如图 8.4.7 及图 8.4.8 所示。

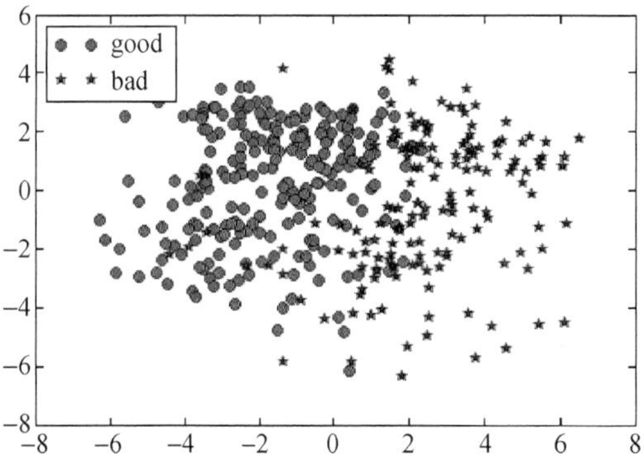

图 8.4.7 样本的第一、第二主成分得分散点图

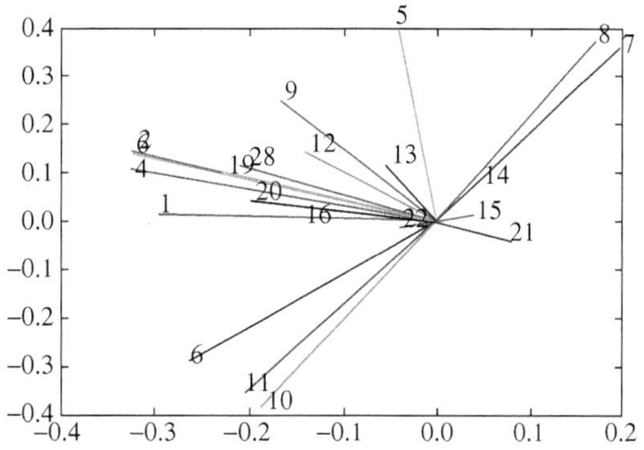

图 8.4.8 第一、第二主成分载荷贡献图

从得分图 8.4.7 中看到,两类样本在水平方向被分开,因此可以从载荷贡献图8.4.8中寻找在水平方向上模比较长的物理量,它们就是对分类起关键作用的物理量。通过如此分析,查看载荷贡献图,发现序号为 14、15、21、22、13、17、16、20、5 的物理量对分类的作用小,因而可以删除。

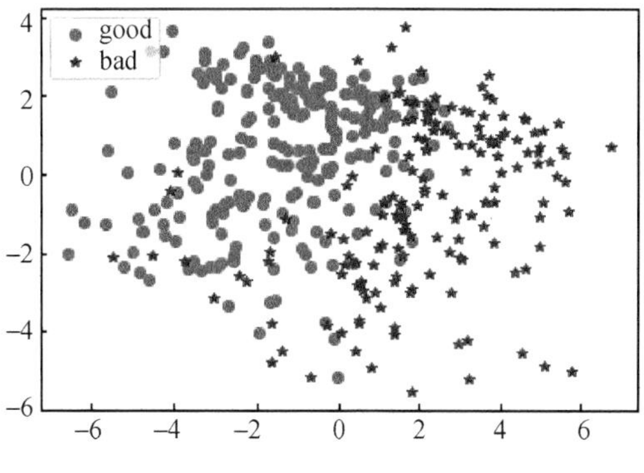

图 8.4.9 用挑选出来的变量 PCA 分析的得分图

删除这些不必要的特征后,用剩余的变量再次进行 PCA 分析,聚类的结果如图 8.4.9 所示。比较图 8.4.7 和图 8.4.9,分类结果仍可以接受，但此时模式的可控性得到了很大的提高，变量从 24 个减少至 15 个。

选择有效变量也可以使用机器学习包完成，下面代码是使用 feature_selection 包的 F 检验对小麦颗粒分类问题有效变量的选择程序。

程序：
小麦特征选择

```
import numpy as np  # 矩阵运算包
import matplotlib.pyplot as plt  # 画图包
from sklearn.feature_selection import SelectPercentile, f_classif
X = np.loadtxt(r"E:\teach\教改项目教材\数据\小麦数据\wheat_train_PCA_X.txt")
y = np.loadtxt(r"E:\teach\教改项目教材\数据\小麦数据\wheat_train_PCA_Y.txt")
X_indices = np.arange(X.shape[-1])  # 制图的横坐标，变量的个数 24
selector = SelectPercentile(f_classif, percentile=10)
selector.fit(X, y)
scores = -np.log10(selector.pvalues_)
#得到每个变量重要性 p 值的对数，p 值越小，越重要
scores /= scores.max()
plt.bar(X_indices , scores, width=.2, color='g',align='center')
plt.show()
```

程序绘制的变量 p 值对数图如图 8.4.10 所示。

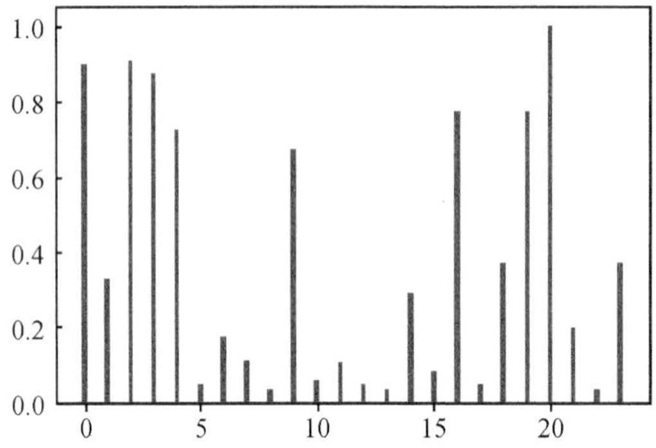

图 8.4.10 小麦分类关键变量选择图

读者可以根据图 8.4.10，设定阈值，找出显著变量。在上述程序代码的基础上，增加下面代码，可利用挑选的变量对 X 重组。

```
v=[]
for i,score in enumerate(scores):
    if score>0.6:        # 得分>0.6 变量被选出
        v.append(i)
X=X[:,v]                 # 对 X 重组
```

对重组的 X，可再次用 PCA 对其分解作图，查看样本的分类情况。

8.4.8 手写数字识别

文字识别技术在电子设备上应用很广，属于模式识别技术的一种。其中的阿拉伯数字识别技术相对简单，但其实现过程却足以用于说明图像字符识别的基本原理，它包含了图像特征提取的基本原理与识别算法技术。

本节结合 Python 中简单图像处理技术及神经网络算法，以实现手写阿拉伯数字 10 个字符的识别为例，说明该类问题的解决方案。

1. 图像获取及预处理

在一张白纸中，书写 10 个数字字符多次，字符行列间保留合理间隙，如图 8.4.11 所示。

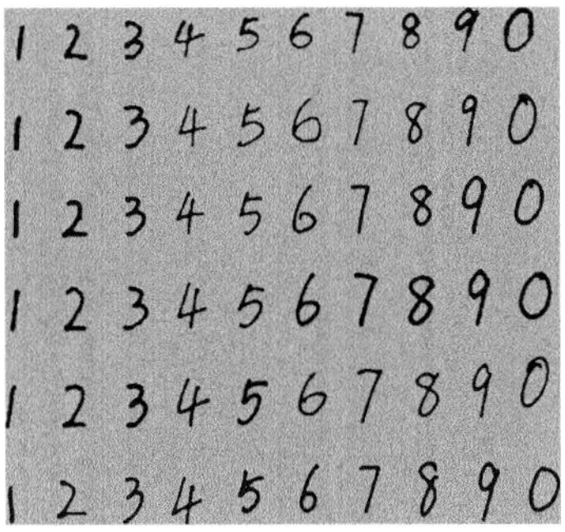

图 8.4.11 手写数字

拍照获得的图像，往往存在一些灰色背景，而数字识别时，采用灰度图像处理即可，所以首先需要用 Python 的图像处理包对图像进行预处理，去除背景。

为了将图像的背景去除，需要先计算图像的灰度直方图确定背景的阈值，其程序代码如下。

程序：图像灰度直方图

```
import numpy as np
from PIL import Image                              # 调用图像处理库
import matplotlib.pyplot as plt
img= Image.open(r"E:\22\cong_digit.jpg")           # 打开图像文件
img=np.array(img.convert('L'))                     # 将图像灰度转化为矩阵
plt.figure("hist")
arr=img.flatten()                                  # 将矩阵平铺，合并成一个向量
n, bins, patches = plt.hist(arr, bins=256, normed=1, facecolor='green', alpha=0.75)
plt.show()
```

对于 8.4.11 的手写数字图像，得到的灰度直方图如图 8.4.12 所示。

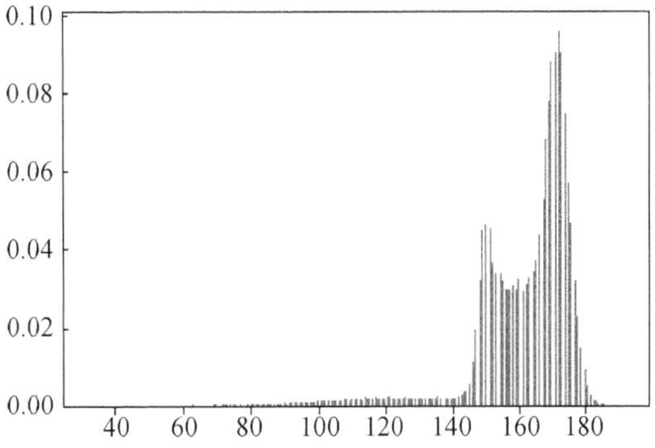

图 8.4.12 手写数字图像的灰度直方图

从图中可以看出，在灰度值 143 附近，像素点所占比例开始大幅提高，它对应的就是图像的背景像素点。

由此，我们可以将灰度值大于阈值的像素点设置为白色（像素值 255），小于阈值的像素点设置为黑色（像素值 0），结果就是白色的纸张上写黑色的字，由此定义去除图像背景的函数如下：

```
def convert_to_bw(im,threshold):   # im 是图像对象，threshold 给定阈值
```

```
    im = im.convert("L")  # 转换为灰度图像
    im = im.point(lambda x: 255if x > threshold else 0)   # 代表数字的像素值置 0,黑色
    im = im.convert('1')  # 黑白二值图像
    im.save(r"e:\sample_1.bmp")
    return im
```

程序:数字图像阈值去背景

函数将传递过来的图像 im,转换为灰度图像,根据给定的阈值,将图像二值化,并以文件的形式保存。处理结果如图 8.4.13 所示。

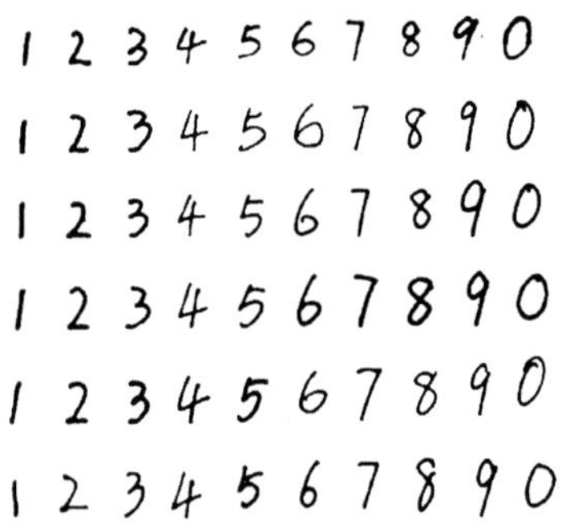

图 8.4.13　去除背景后的图像

2. 字符分割

接下来的任务是从去除背景后的图像中将各个字符分割出来。

为简化问题,此处采取了一种笨办法,将数字行和列的大致间隔位置用图像处理软件找出来(如 windows 中的画图),保存到两个向量中,如下面的代码:

```
w, h = im.size
xs = [0, 31, 65, 91, 122, 150, 182, 211,242, 271,   w]      # 每两列的间隔位置
ys = [0, 47, 93, 137, 185,232, h]                           # 行间隔
```

定义了 *xs* 和 *ys* 两个列表后,通过定义如下的函数,将每个字符图像分割出来并以文件的方式保存,函数的代码如下:

```
def split(im):  # im 为去除背景后的整个图像
    assert im.mode == '1'
    result = []
    w, h = im.size
    xs = [0, 45, 88, 125, 170, 213, 251, 289, 324, 364, w]
    ys = [0, 39, 89, 135, 183, h]
    for i, x in enumerate(xs):
        if i + 1 >= len(xs):
            break
        for j, y in enumerate(ys):
            if j + 1 >= len(ys):
                break
            box = (x, y, xs[i+1], ys[j+1])  # 一个字符所在图像的位置
            t = im.crop(box).copy()  # 将字符挖出来
            t.save("e:\pyteach\"+str((i + 1) % 10)+"_"+str(j)+".bmp")
```

处理结果如图 8.4.14 所示。

图 8.4.14 每个字符分割出来后的结果

3. 字符标准化

提取出来的每个字符图像，大小不一，字符在小图像中的位置也不一致，这会导致后续提取的字符特征不统一。为提高模型的准确度，我们希望每个字符图像的大小一致(如都是 32×32 的图像)，且字符在图像中居中存放。这个工作用下面的函数完成。

程序：
数字标准化

```
def to_32_32(im,ii,jj):  # 参数 im 是待处理的小图像，ii, jj 的结合形成图像文件的名字
#图像分割时保存的文件名格式如 0_1.bmp，代表字符 0 的第二个小图像
    im = im.convert("L")  # 转灰度
    im = im.point(lambda x: 255 if x > 196 else 0)
    w,h=im.size
    xrow=[]
    ycol=[]
    for i in range(w):  # 找字符在图像中最左右、上下的起始位置
        for j in range(h):
            pixel=im.getpixel((i,j))
            if (pixel<1):
                xrow.append(i)
                ycol.append(j)
    xLength=max(xrow)-min(xrow)+1  # 字符占的宽度
    yLength=max(ycol)-min(ycol)+1  # 字符占的高度
    box = (min(xrow), min(ycol), max(xrow)+1, max(ycol)+1)  # 字符占据的小矩形
    t = im.crop(box).copy()  # 把字符挖出来
    xStart=(32-xLength)//2
    yStart=(32-yLength)//2
    bg = Image.new('RGB',(32,32),'white')  # 生成一个 32×32 的空白小图像
```

```
bg.paste(t,(xStart,yStart))   # 将字符粘贴到空白图像的中间
bg.save("e:\\pyteach\\"+str(ii)+"_"+str(jj)+"_32_32.bmp")
```

通过上述函数处理，每个字符将保存在一个 32×32 的小图像中，且字符存储在图像的中间，处理结果如图 8.4.15 所示。

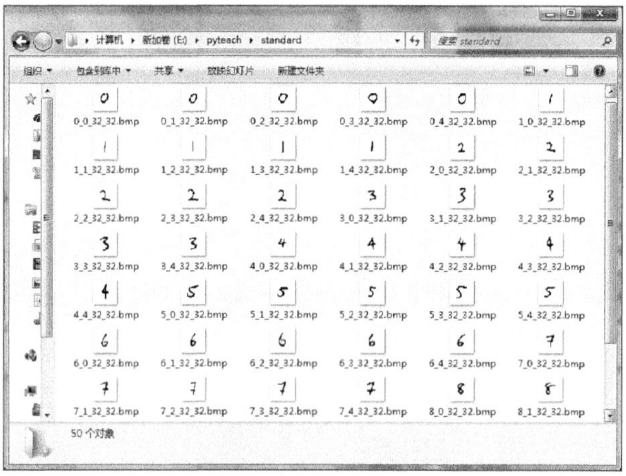

图 8.4.15　标准化的 32×32 的字符图像

4. 字符特征提取

每个字符被标准化为一个 32×32 的小图像后，为进行建模，需要将小图像表达为数字化的特征。此处采取的策略是：将 32×32 的小图像分割成 256 个 2×2 的小方框，统计每个 2×2 的小方框中，像素值为 0 的个数，由此将每个字符表达为 256 个数字组成的向量。例如，字符 4，经过转化后，得到的向量为：

```
0 0 0 0 0 0 0 0 0 0 0 0 0 0 0 0 0 0 0 0 0 0 0 0 0 0
0 0 0 0 0 0 0 0 0 0 0 0 0 0 0 0 0 0 0 0 0 0 0 0 0 0
0 0 0 0 0 0 0 0 0 0 0 0 0 0 0 0 0 0 0 0 0 0 0 0 0 0
0 0 0 0 0 0 0 0 2 1 2 0 0 0 0 0 0 0 0 0 0 0 0 0 4 0
2 0 0 0 0 0 0 0 0 0 0 0 0 3 2 1 4 3 1 0 0 0 0 0 0 0
0 0 0 2 2 3 4 0 0 0 0 0 0 0 0 0 0 0 0 0 0 2 2 0 0 0
0 0 0 0 0 0 0 0 0 0 0 1 1 0 0 0 0 0 0 0 0 0 0 0 0 0
0 0 0 0 0 0 0 0 0 0 0 0 0 0 0 0 0 0 0 0 0 0 0 0 0 0
0 0 0 0 0 0 0 0 0 0 0 0 0 0 0 0 0 0 0 0 0 0 0 0 0 0
0 0 0 0 0 0 0 0 0 0 0 0 0 0 0 0 0 0 0 0 0 0
```

为了完成特征提取，特定义以下函数，它负责读取每个 32×32 标准化的小图像，并整理提取特征。

```
def featureExtract(im):   # 每个 32×32 标准化的图像特征提取，im 是小图像
```

```
    im = im.convert("L")
    im = im.point(lambda x: 255 if x > 196 else 0)
    y=np.array([0,1])  # 纵向,y轴,第一个2×2小块的上下像素位置
    features=[]
    for j in range(16):
        x=np.array([0,1])  # 横向,x轴,第一个2×2小块的左右像素位置
        for i in range(16):
            box = (x[0], y[0], x[1]+1, y[1]+1)
# box是每个2×2的小块的矩形,+1的原因是crop函数认定右侧为开区间
            t = im.crop(box).copy()
            count=0.0
            for ii in range(2):  # 统计2×2小矩形中的黑色像素点的个数
                for jj in range(2):
                    pixel = t.getpixel((ii,jj))  # 提取像素值
                    if (pixel<1):
                        count +=1.0
            features.append(count)  # 将计算得到的特征追加到列表中
            x=x+2  # 水平方向,下一个小2×2矩形的左、右边距位置
        y=y+2      # 垂直方向,下一个小2×2矩形的上、下边距位置
    return features
```

为达到机器学习的目的,每个字符都写了6遍(可能的情况下,写得越多越好),所以共有60个字符,全部转成特征向量后,按行存放,每行256个数字,所以得到一个60行256列的矩阵。

5. 算法建模

建立特征向量与目标的有效数学模型是数字识别的最后步骤。例如前面整理出来的字符4的特征向量,我们希望算法能建立一个函数关系,当将向量输入函数后,输出的结果是4。可以立即判断出,这种函数关系难以用线性模型描述。

神经网络算法又称为人工神经网络(Artificial Neural Network, ANN),具有很强的非线性拟合能力,是文字识别领域最常用的算法。神经网络算法的结构如图8.4.16所示。

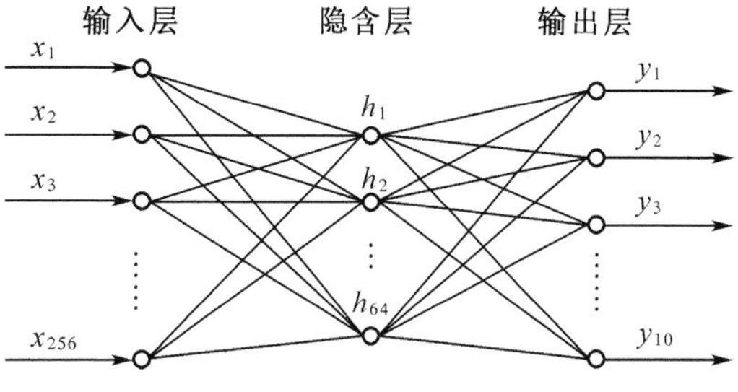

图8.4.16 一个三层的神经网络

网络由输入层、隐含层(隐含层可以有多层)和输出层组成,各节点之间的连线称为权重,权重与对应输入数据乘积加和 $\sum x_i w_i$,通过函数转换得到的结果作为下一层节点的值,该值又作为后续层的输入。输入

层和输出层是相对的，例如，隐含层，是输入层的输出层，但又是输出层的输入层。神经网络算法中最著名的是后向传播（Back Propopation，BP）算法，采用的转换函数为 sigmoid 函数，该函数的定义为：

$$y = 1/(1 + e^{-x})$$

其函数图形如图 8.4.17 所示。

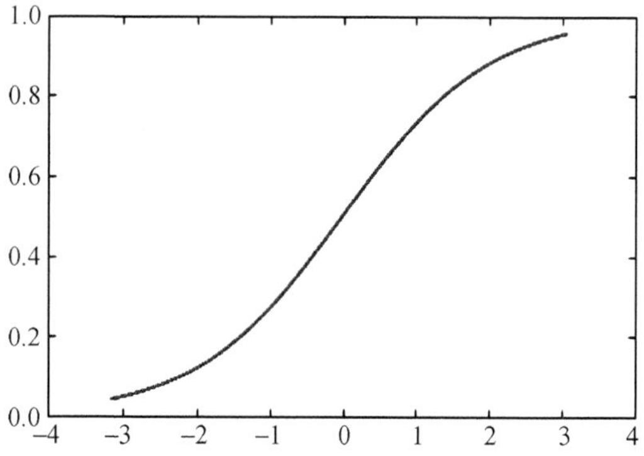

图 8.4.17　sigmoid 函数图形

这意味着，当某个隐层节点，得到所有输入节点与其对应权重的乘积加和值 $\Sigma x_i w_i$ 后，将该值经过 sigmoid 函数转换，就是该节点的输入值。

最后一个问题，是目标函数值的表达模式。神经网络用于模式识别时，目标函数值经常被表达为正交编码。数字识别中共十个字符，分为 10 种模式，所以其正交编码可以分别表达为：

字符 0：　1　0　0　0　0　0　0　0　0　0
字符 1：　0　1　0　0　0　0　0　0　0　0
……
字符 9：　0　0　0　0　0　0　0　0　0　1

这种正交编码将目标模式所在的位设置为 1，其他位全部为 0，组成一个向量。

到此，网络拓扑结构即可确定：输入向量有 256 个数字，因而需要 256 个节点，输出模式有 10 种，所以需要 10 个节点。隐含层节点的设置，是神经网络构造的一个关键，隐层节点数太少，则难以表达好非线性关系，太多又存在过拟合问题。总之，神经网络是一个独立方程数与变量数之间的关系问题，读者可以查阅相关网络构造与训练样本数关系的资料，以求对神经网络有更深入的了解。本例中我们不深入讨论这个问题，将中间隐层节点数设置为 64。

关于神经网络算法实现，我们在此选择了 sklearn. neural _ network 包中的 MLPClassifier 类。在数据准备完全的情况下，调用该算法，可以方便完成神经网络的建模与预测，程序的代码如下：

程序：神经网络手写数字识别

```
 from PIL import Image
import numpy as np
def featureExtract(im):  # 给定标准化的 32×32 小数字图像 im，提取其 256 维的特征
    im = im.convert("1")   # 二值化
    y = np.array([0, 1])
    features = []  # 将 32×32 的小图像分割成 256 个 2×2 的小区块，统计每个 2×2 的小方框
```

中，像素值为 0 的个数，由此将每个字符表达为 256 个数字组成的向量

```
    for j in range(16):
        x = np.array([0, 1])
        for i in range(16):
            box = (x[0], y[0], x[1] + 1, y[1] + 1)  # 开区间
            t = im.crop(box).copy()
            count = 0.0
            for ii in range(2):  # 取一个 2×2 像素的小框
                for jj in range(2):
                    pixel = t.getpixel((ii, jj))
                    if (pixel < 1):
                        count += 1.0
            features.append(count)
            x = x + 2  # np.array+2 整个矩阵向右平移
        y = y + 2
    return features
netTrainDataInput = []  # 存储输入数据,对应 X
netTrainDataoutput = []  # 存储输出点的真值,对应 Y

for i in range(10):
    outNode = [0.0] * 10  # 每个字符用一个向量表达,1=0 1 0 0 0 0 0 0 0 0
    outNode[i] = 1.0  # 训练集的函数真值,每种模式对应的位置数字为 1
    for j in range(6):  # 把同一个数字的 6 个标准化的图片遍历
        im = Image.open("E:\\22\\32\\" + str(i) + "_" + str(j) + "_32_32.bmp")
        f = featureExtract(im)
        netTrainDataInput.append(f)
        netTrainDataoutput.append(outNode)

X = np.array(netTrainDataInput)  # 神经网络的输入层
y = np.array(netTrainDataoutput)  # 网络的输出层

from sklearn.model_selection import train_test_split  # 随机划分训练集和测试集
from sklearn.preprocessing import StandardScaler
from sklearn.neural_network import MLPClassifier
#标准化数据,保证每个维度的特征数据方差为 1,均值为 0
X = StandardScaler().fit_transform(X)  # z-score 规范化。特征值减去均值,除以标准差。
X_train, X_test, y_train, y_test = train_test_split(X, y, test_size=.1)  # 采用交叉验证,验证集
```

```
占训练集 10%
    clf = MLPClassifier(solver='lbfgs', hidden_layer_sizes=(64, ), alpha=1e-5, random_state=1, 
max_iter=10000)      # max_iter 是最大迭代次数，用 lbfgs 算法，(64,)表示隐层神经元 64 个

    clf.fit(X_train, y_train)   # 训练模型
    score = clf.score(X_test, y_test)
    print('预测得分:',score)
    yhat = clf.predict(X_test)
    print("预测值",yhat)
    print("真值",y_test)
```

程序中让神经网络算法进行 10 000 次机器学习，程序的运行结果如下所示：

```
预测得分: 1.0
预测值
[[0 0 0 0 0 0 1 0 0 0]
[0 0 0 0 1 0 0 0 0 0]
[0 0 1 0 0 0 0 0 0 0]
[0 0 1 0 0 0 0 0 0 0]
[0 0 0 0 0 0 0 0 1 0]
[0 0 0 1 0 0 0 0 0 0]]
真值
[[0. 0. 0. 0. 0. 0. 1. 0. 0. 0.]
[0. 0. 0. 0. 1. 0. 0. 0. 0. 0.]
[0. 0. 1. 0. 0. 0. 0. 0. 0. 0.]
[0. 0. 1. 0. 0. 0. 0. 0. 0. 0.]
[0. 0. 0. 0. 0. 0. 0. 0. 1. 0.]
[0. 0. 0. 1. 0. 0. 0. 0. 0. 0.]]
```

程序的运行结果表明，进行 10 000 次建模后，预测检验集的小数字是完全正确的。

思考题

1. 用 numpy 产生 10×10 的符合正态分布随机数矩阵 $\boldsymbol{X}$，并用矩阵运算求解该矩阵的逆 $\boldsymbol{X}$inv，然后计算两者的乘积，输出查看得到的是不是单位矩阵。

2. 用 excel 模拟下列方程组的数据(e 为随机误差)。

$$\begin{cases} y_1 = -2.1x_1 + 0.7x_2 + 1.3x_3 + e \\ y_2 = 1.7x_1 - 2.8x_2 + 1.9x_3 + e \\ y_3 = 3.4x_1 + 0.6x_2 - 2.1x_3 + e \end{cases}$$

将数据拷贝到两个 txt 文件中，用 numpy 读入数据。用矩阵运算求解线性方程组的系

数，并与原系数比对。

3. 编写多元线性回归类MLR，并用该类求解题2的系数。

4. 编写主成分回归类PCR，再次求解题2的系数。

5. 产生0～2π之间、分50份采样的sin和cos函数，函数值中增加5%的正态分布的噪声。用matplotlib在同一幅图上以上下结构画出。

6. 模拟一条正态分布的信号可以采用如下公式：

$$A_i = A_{\max}\exp\left[-\left(\frac{i-w}{2s}\right)^2\right]$$

其中$A_{\max}$是最大峰高，w是最大峰高位置，s则是半高宽。下标i代表第i个采样点。

请你调节信号的峰高和位置，在excel中模拟两条信号，并适当增加噪声。然后将两条信号拷贝到txt文件中，用numpy计算两个信号向量的外积，将得到的矩阵用matplotlib制作三维图、等高线图。

7. 将第6题中的一条信号，采用11点平滑法去除噪声(平滑法参见第六章数据结构)。

8. 编程采用scipy求解$f(x)=-x^2+3\times x-5$的最优解。

9. 编写程序，求解下列方程组的解。

$$\begin{cases}2x+3y+z=4\\4x+2y+3z=17\\7x+y-z=1\end{cases}$$

10. 从教材下载资料中找到"墨翠墨绿四季豆.txt"文件，用scipy中signal包的detrend函数去除其基线漂移，并画出原始图谱和去基线后的图谱。

11. 对下列线性方程组，尝试用遗传算法求解。

$$\begin{cases}2x_1+3=0\\4x_0^2+\sin(x_1x_2)=0\\x_1x_2/2-3=0\end{cases}$$

12. 分别用支持向量机、贝叶斯、决策树、随机森林作鸢尾花分类分析。

13. 用PCA作鸢尾花分解，并将得分图在第1、2主成分轴画出来。

14. 自行在一张白纸上书写数字，用神经网络建立数字识别模型。

15. 从教材下载资料中找到小麦属性及分类数据文件"wheat_train_PCA_X.txt"和"wheat_train_PCA_Y.txt"，用f检验计算显著变量，再用显著变量重组数据，用PCA制作分类图，再使用所有原始变量的数据，制作PCA分类图，比较二者的差异。

实　验

实验一　梯形积分

一、实验目的

1. 理解并掌握将问题转换为可计算的方法；
2. 掌握循环迭代求解实现计算自动化；
3. 掌握约简提高代码效率、降低逻辑复杂度；
4. 加强对计算思维中可计算、自动化实现概念的理解。

二、实验内容

用梯形积分法求解 $\sin(x)$在$\left[0,\frac{\pi}{2}\right]$上的积分，并与真值比较。真值为：

$$\int_0^{\frac{\pi}{2}}\sin(x)\mathrm{d}x=-\cos\left(\frac{\pi}{2}\right)-(-\cos(0))=0+1=1$$

三、实验步骤

1. 运行 spyder，通过 file→new file 菜单，建立文件，并另存为 jiefen.py

2. 将整个区间$\left[0,\frac{\pi}{2}\right]$作为一个梯形，求其积分，程序语句为：

```
import math
dx=math.pi/2
I1=(math.sin(0)+math.sin(math.pi/2) ) * dx/2
jifen=I1
print(jifen)
```

结果为：0.7853981633974483

3. 将区间分成两个梯形，再计算一遍面积，代码如下：

```
import math
dx=math.pi/2
dx=dx/2
I1=(math.sin(0)+math.sin(math.pi/4)) * dx/2
I2=(math.sin(math.pi/4)+math.sin(math.pi/2)) * dx/2
jifen=I1+I2
print(jifen)
```

结果为:0.9480594489685199

4. 根据计算递推公式,

$$T_{2n}=\frac{1}{2}T_n+\frac{h}{2}\sum_{k=1}^{n}f(x_{k-1/2})$$

不断将积分小区间变成原来的 1/2,个数变成原来的 2 倍。鉴于实际数值计算时,无法实现高等数学理论中的区间趋向无限小,因此,比较前后两次计算得到的积分 T_n 和 T_{2n} 的绝对值之差,如果差值小于 1e－6,停止计算,使问题转化为可计算。为使得计算可自动化,需要使用循环实现。程序代码如下:

```
import math
h=math.pi/2
n=1
t2=(math.sin(0)+math.sin(math.pi/2)) * h/2
t1=0.0
while (abs(t2-t1)>1e-6):
    t1=t2
    n=n * 2
    h=h/2.0
    delta=0
    for k in range(1,n+1):
        delta +=math.sin((k-0.5) * h)
    t2=t1 * 0.5+delta * h * 0.5
print(t1)
```

计算结果为:0.9999987589898811

实验二　编写函数

一、实验目的

1. 掌握通过函数构建，提高程序的可维护、阅读性；
2. 通过函类的构建，理解代码复用带来的优势；
3. 理解计算思维中归纳与抽象的实现。

二、实验内容

用二分法求解 c mol/L 醋酸溶液的 pH 值。

以 x 代表溶液氢离子的浓度，其公式经过推导可表达为如下的高次代数方程：

$$x^3 + 10^{-4.56}x^2 - (10^{-4.56} * c + 10^{-14})x - 10^{-4.56} * 10^{-14} = 0$$

的根（二分法原理请参阅 3.2.3 节）。

三、实验步骤

1. 非函数形式

首先在 Spyder 中输入下列代码，此代码中直接按推导公式求解。

```
ka=10**(-4.56)
kw=1e-14
kakw=ka*kw
c=float(input('请输入醋酸浓度:'))
fa=1
fb=1
while(fa*fb>0):
    a=float(input('请输入左区间:'))
    b=float(input('请输入右区间 '))
    fa=a**3 + ka * a**2 -(ka * c + kw)*a-kakw
    fb=b**3 + ka * b**2 -(ka * c + kw)*b-kakw
while (abs(a-b)>1e-10):
    m=(a+b)/2
    fm=m**3 + ka * m**2 -(ka * c + kw)*m-kakw
    if (fa*fm>0):
        a=m
    else:
```

```
        b=m
print ('氢离子浓度为:',a)
```

运行,得到计算结果。

2. 编写函数

上述代码中的语句

```
fa=a**3 + ka * a**2 -(ka * c + kw)*a-kakw
fb=b**3 + ka * b**2 -(ka * c + kw)*b-kakw
fm=m**3 + ka * m**2 -(ka * c + kw)*m-kakw
```

实质上是同一个公式,只是分别使用了 a、b、m 三个参数,由于公式复杂,如果不小心写错,很易导致三处错误。一个正确的方式是将公式抽象出来,归纳为一个函数,使数据处理逻辑在整个程序中聚集为一点,即使公式写错,程序修改一点即可。

在 spyder 中再建立一个 Python 程序,输入下面代码,以函数的形式实现二分法求解溶液的 pH 值。

```
def fx(x,c):
    ka=10**(-4.56)
    kw=1e-14
    kakw=ka*kw
    f=x**3 + ka * x**2 -(ka * c + kw)*x-kakw
    return f


fa=1
fb=1
c=float(input('请输入醋酸浓度:'))
while(fa*fb>0):
    a=float(input('请输入左区间:'))
    b=float(input('请输入右区间'))
    fa=fx(a,c)
    fb=fx(b,c)
while (abs(a-b)>1e-10):
    m=(a+b)/2
    fm=fx(m,c)
    if (fa*fm>0):
        a=m
    else:
        b=m
print ('氢离子浓度为:',a)
```

实验三　类建设及基于类的程序搭建

一、实验目的

1. 掌握通过类构建，实现进一步的抽象，提高程序的可维护、阅读性；

2. 学习以类搭建程序，理解面向对象编程带来的优势。

二、实验内容

设轿车只由四个车轮子和一个带换挡装置的发动机组成，构建轮子类并由此再构建轿车类。求解的问题是：换挡行驶汽车，计算汽车行驶的公里数，每个轮胎行驶的公里数，轮胎行驶到 3 万公里时，程序发出警报提示司机换轮胎。车子行驶过程中，设意外发生的概率是 1/1 000，发生意外事件会使得 4 个轮胎中的某个受损而减少 300 公里的里程。

三、实验步骤

1. 建立程序文件

运行 spyder，建立一个新文件。

2. 构建轮胎类

轮胎的属性有半径，起始里程数，行为有行驶超过 3 万公里的预警功能及意外事件发生后减少 300 公里里程数，故定义轮胎类代码如下：

```
class Tyre:
    r=0  # 轮胎半径
    miles=0  # 轮胎行驶里程
    def __init__(self,r):
        self.r=r
        self.miles=0

    def alarm(self):
        return self.miles>=30000.0
    def damage(self):  # 发生意外受损，相当于额外行驶了 300 公里
        self.miles +=300.0
```

3. 构建汽车类

汽车类中，属性包括变速箱，轮胎组，这两个属性可以用列表表达。方法有换挡、更换轮胎、意外事件指定受损轮胎，如此定义汽车类的代码如下：

```
class Car:
```

```
    _AMT=[0,100,200,500,1000] #变速箱的挡位,代表 rpm,简化问题,忽略马达到轮胎的转速
转换
    _currentGear=0  # 挡位
    miles=0  # 车辆行驶里程
    tyres=[]  # 车辆使用的轮胎
    def __init__(self,tyres,AMT):  # 构造函数,用于指定轮胎、变速箱
        self.tyres=tyres
        self._AMT = AMT
    def changeGears(self,gear):
        self._currentGear = gear

    def changeTyre(self,index,tyre):
        self.tyres[index]=tyre

    def run(self):
        deltaMile = self._AMT[self._currentGear] * self.tyres[0].r * 2 * 3.14/1000.0
        for i in range(len(self.tyres)):
            self.tyres[i].miles +=deltaMile
        self.miles +=deltaMile
        # 检查轮胎
        for i in range(len(self.tyres)):
            if( self.tyres[i].alarm()):
                return True
        rcturn False

    def demage(self,index):
        self.tyres[index].damage()
```

4. 构建主程序

首先生成 4 个轮胎及变速箱,通过汽车换 1 挡、2 挡,运行平稳后转为 5 挡运行。汽车 5 挡运行的循环中,假设每次循环为一分钟,通过生成 1 000 内的随机数判断意外事件的发生,每当意外发生后,再产生 4 以内的随机数,随机指定受损轮胎。轮胎运行到 3 万公里后(包括受损导致的公里数),就终止程序的运行。在同一个文件中,再输入主程序代码如下:

```
#主函数
import random
tyres=[]
for i in range(4):
    tyre=Tyre(0.317)
```

```
        tyres.append(tyre)
    AMT=[0,100,200,500,1000]
    car = Car(tyres,AMT)
    car.changeGears(1)    # 换一挡
    for i in range(5):
        car.run()

    car.changeGears(2)   # 换一挡
    for i in range(3):
        car.run()

    car.changeGears(4)    # 换一挡

    while True:
        i = random.randrange(0,1001)
        if i==20:  # 数字 20 随意指定,因为随机数产生的是均匀分布,每个数字等概率
            index = random.randrange(0,4)
            car.demage(index)
            print(index)
        if(car.run()):
            break
    for i in range(len(car.tyres)):
        print(car.tyres[i].miles)
```

实验四　文件与对象列表

一、实验目的

1. 掌握格式化文本文件的读取；
2. 掌握通过文件形成对象；
3. 掌握对象列表操作之 lambda 表达式。

二、实验内容

1. 通过 windows 的记事本,建立指定格式的文本文件,文件中数据列采用 tab 键分隔；

2. 通过 Python 读文件操作,将建立的文本文件中的内容读入计算机,并进行列分割,利用分割的数据建立对象,并建立对象列表；

3. 对对象列表进行排序操作,并输出。

三、实验步骤

1. 通过记事本建立如下内容的文本文件(文件行数自行把握),列间隔为 tab,并保存为 d:\studentScore.txt。

no	studentName	math	phy	compu
1200001	许　枫	65	64	61
1200002	周　杰	76	65	72
1200003	李　丽	82	76	91
1200004	王定海	81	90	78

2. 运行 spyder,建立一个新的 Python 源程序文件,在其中先建立 Student 类,其代码如下:

```
class Student:
    def __init__(self, no, name, math, phy, compu):
        self.no = no
        self.name=name
        self.math=math
        self.phy=phy
        self.compu=compu
        self.tot = math+phy+compu
        self.avg = self.tot/3.0
```

3. 继续编写读文件形成对象、追加对象到列表、按总分逆序排列的代码。排序完毕后,输出数据,代码如下:

```
f=open('d:\studentScore.txt','r',True)
li=[]
f.readline()   # 第一行是表头,不是学生对象,通过该语句跳过
for line in f:
    temp=line.split()
    no,name=temp[0],temp[1]
    math,phy,computer=float(temp[2]),float(temp[3]),float(temp[4])
    student=Student(no,name,math,phy,computer)
    li.append(student)
li.sort(key=lambda obj:obj.tot,reverse=True)    # 排序,按总分从高到低
for stu in li:
    print(stu.no,"\t",stu.name,"\t",stu.math," \t",stu.phy,"\t",stu.tot)
```

实验五 矩阵运算——多元线性回归

一、实验目的

1. 掌握使用 numpy 的引用语句；
2. 掌握 numpy 读取数字组成的格式化文本文件的方法；
3. 掌握通过 numpy 进行简单矩阵运算的方法。

二、实验内容

1. 通过 excel 产生随机数，并形成矩阵，将 excel 中生成的数据形成文本文件；
2. 通过 numpy 读取形成的格式化的文本文件；
3. 通过 numpy 矩阵运算，求解多元线性方程组的系数 a_{ij}，如下列公式所示。

$$\begin{cases} y_1 = a_{10} + a_{11}x_1 + a_{12}x_2 + \cdots + a_{1n}x_n \\ y_2 = a_{20} + a_{21}x_1 + a_{22}x_2 + \cdots + a_{2n}x_n \\ \quad \vdots \\ y_m = a_{m0} + a_{m1}x_1 + a_{m2}x_2 + \cdots + a_{mn}x_n \end{cases}$$

三、实验步骤

1. 在 excel 中模拟如下公式的数据。

$$y_1 = 1.2x_1 + 0.9x_2 + 3.3x_3$$
$$y_2 = 0.7x_1 + 1.8x_2 + 2.3x_3$$
$$y_3 = 0.4x_1 + 0.7x_2 + 4.9x_3$$

2. 选定 A、B、C 列分别存储 x_1、x_2、x_3，该 3 列全部采用公式：=10 * RAND()产生随机数。

3. 分别在 E、F、G 三列产生 y_1、y_2、y_3 的模拟数据，数据中可以适当加入噪声，噪声的规模在 10%以内，如 y_3 的公式为：

$$y_3 = 0.4 * A_2 + 0.7 * B_2 + 4.9 * C_2 + \text{Rand}()$$

4. 将数据分别拷贝到两个文件中，命名为 d:\mx.txt 和 d:\my.txt。

5. 运行 spyder，建立源程序文件，在其中输入如下代码：

```
import numpy as np
# 从文件读取，获得 X、Y 矩阵
X=np.mafromtxt (r"d: \mx.txt")
```

```
X=X.data
Y=np.mafromtxt (r"d:\my.txt")
Y=Y.data
oneCol=np.ones(X.shape[0])  # 增加一列元素都是1的向量
X=np.c_[oneCol,X]  # 将原来的X加一列,元素都是1,用于求截距
# 按A=(XTX)-1XTY求解
Xt=X.T
XtX=Xt.dot(X)
inv = np.linalg.inv(XtX)
temp =inv.dot(Xt)
a=temp.dot(Y)
print(a.round(4))
```

实验六　制作二维图

一、实验目的

1. 掌握使用 numpy 产生制图数据的方法 arange 和 linspace；
2. 掌握 numpy 函数列表值实现的方法；
3. 掌握 maplotlib 制图的基本设置项，坐标轴、图例等。

二、实验内容

1. 制作 sin、cos 曲线；
2. 设置线形、颜色、图例、坐标轴、网格线。

三、实验步骤

1. 运行 spyder，建立源程序文件。
2. 输入代码如下：

```
import numpy as np
from pylab import *
x=np.linspace(-np.pi,np.pi,100)
sin,cos = np.sin(x), np.cos(x)
fig, axes = plt.subplots(nrows=1, ncols=1)
xticks(np.linspace(-np.pi,np.pi,5))
plot(x,sin,color='blue',linewidth=2.0, linestyle='-',label='sin')  # 设置线条颜色为蓝色、宽度
为2像素
```

```
plot(x,cos,color='red',linewidth=2.0, linestyle='-.',label='cos')   # 用虚线画图
legend(loc='upper left')
axes.set_xlabel('x')
axes.set_ylabel('y')
axes.set_title('sin,cos curve')
show()
```

运行结果如下图：

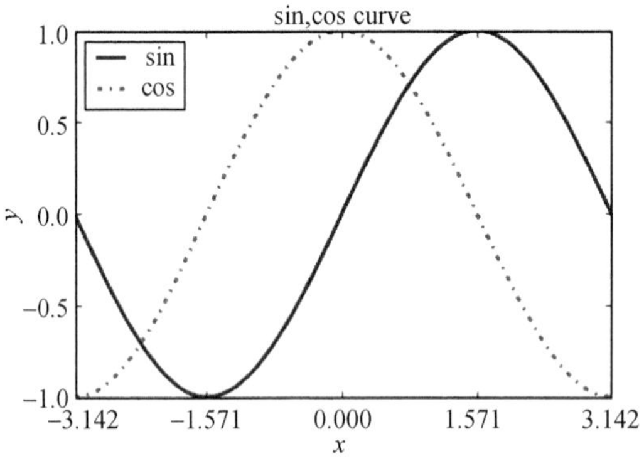

实验七　三维曲面及等高线图的制作

一、实验目的

1. 掌握使用 numpy 的方法 meshgrid；
2. 掌握 matplotlib 制作三维曲面制图；
3. 掌握 matplotlib 制图等高线图。

二、实验内容

1. 制作三维彩色曲面；
2. 制作三维曲面的等高线图。

三、实验步骤

1. 运行 spyder，建立新文件，在文件中输入如下代码：

```
from mpl_toolkits.mplot3d import Axes3D
from matplotlib import cm
import matplotlib.pyplot as plt
import numpy as np
```

```
n=200
x = np.linspace(-10.0, 10.0, n)
y = np.linspace(-10.0, 10.0, n)
s1=2 * np.exp(-((x+1)/(3)) * * 2)  # 生成一条高斯曲线,高斯峰公式  s=A * exp(-((x-w)/sigma) * * 2)
s2=2 * np.exp(-((y+2)/(3)) * * 2)
Z1=np.outer(s1,s2)  # 生成第一个高斯山包
w1=2 * np.exp(-((x-2)/4) * * 2)
w2=2 * np.exp(-((y-1)/4) * * 2)
Z2=np.outer(w1,w2)  # 生成第二个高斯山包
X, Y = np.meshgrid(x, y)
Z=100 * (Z2-Z1)
fig = plt.figure()
ax = Axes3D(fig)
ax.plot_surface(X, Y, Z,cmap=cm.jet)
plt.show()  # 画 3d 曲面
```

运行后,得到如下三维曲面图:

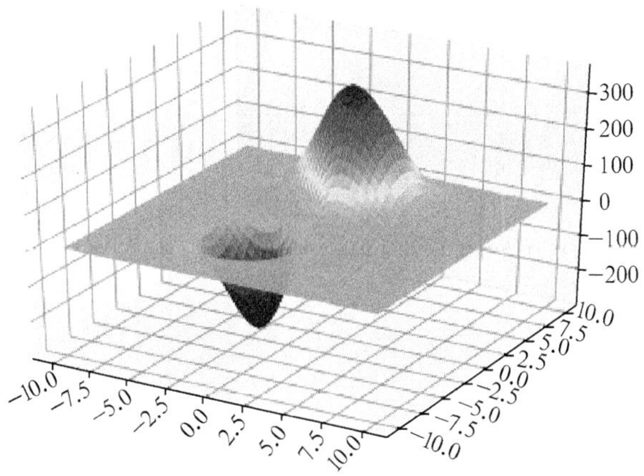

2. 在 spyder 中再建立一个文件,输入如下代码,制作三维曲面的等高线图。

```
import matplotlib.pyplot as plt
import numpy as np
n=200
x = np.linspace(-10.0, 10.0, n)
y = np.linspace(-10.0, 10.0, n)
s1=2 * np.exp(-((x+1)/(3)) * * 2)  # 生成一条高斯曲线,高斯峰公式  s=A * exp(-((x-w)/sigma) * * 2)
```

```
s2=2 * np.exp(-((y+2)/(3)) * * 2)
Z1=np.outer(s1,s2)  # 生成第一个高斯山包
w1=2 * np.exp(-((x-2)/4) * * 2)
w2=2 * np.exp(-((y-1)/4) * * 2)
Z2=np.outer(w1,w2)  # 生成第二个高斯山包
X, Y = np.meshgrid(x, y)
Z=100 * (Z2-Z1)
plt.figure()
CS = plt.contour(X, Y, Z,10)  # 制作等高线,横砍 10 刀
plt.clabel(CS, inline=1, fontsize=10)  # inline 控制画标签,移除标签下的线
plt.show()
```

运行结果如下：

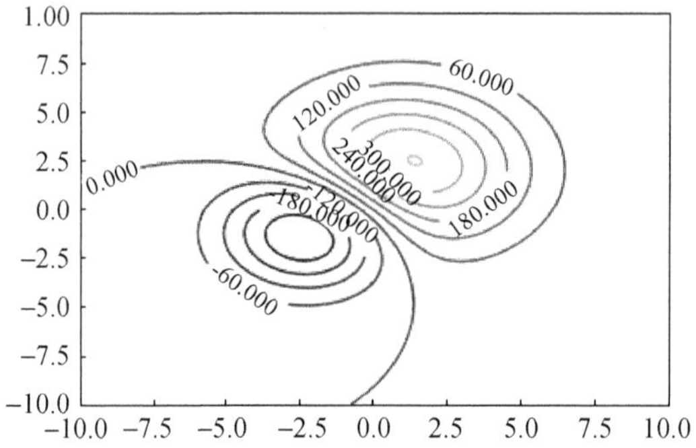

实验八　非线性方程组求解

一、实验目的

1. 掌握非线性方程组的组成，及 Python 求解对方程的右侧归 0 要求；

2. 掌握 scipy 求解非线性方程组的关键函数定义。

二、实验内容

求解如下非线性方程组的根。

$$\begin{cases} 2x_1 + 3 = 0 \\ 4x_0^2 + \sin(x_1 x_2) = 0 \\ x_1 x_2 / 2 - 3 = 0 \end{cases}$$

三、实验步骤

1. 运行 spyder，建立新文件，根据求解的非线性方程组，定义函数如下：

```
def f(x):
    x0, x1,x2 = x
    return [2 * x1+3, 4 * x0 * x0 + sin(x1 * x2), x1 * x2/2 - 3]
```

2. 继续在同一个文件中调用 scipy 求解，主程序代码如下：

```
from scipy.optimize import fsolve
from math import *
ans = fsolve(f, [1.0,1.0,1.0])
print (ans)
print (f(ans))
```

运行结果为：

```
[-0.26429884    -1.5    -4.]
[0.0, 1.1482453876610066e-10, 6.4002136923591024e-12]
```

即 $x_0=-0.26429884$，$x_1=-1.5$，$x_2=-4$ 为方程组的解，将该解代入方程，可以检验三个方程的取值都是 0 或接近 0。

实验九　Python 数据库操作

一、实验目的

1. 了解 Python 操作创建数据库、二维表的基本操作；
2. 掌握 Python 数据操作的方法。

二、实验内容

1. 创建 SQLite3 数据库及表；
2. 数据更新操作；
3. 数据查询操作。

三、实验步骤

1. 运行 spyder，建立新文件，在其中输入如下代码，即可完成数据库的创建。

```
import sqlite3 as sq3
```

```
path='d:/database/'
filename=path+'mydb'
con=sq3.Connection(filename+'.db')
```

运行该段程序前，请先考虑好存放数据库的目录及数据库名字。

2. 创建表。在给定的数据库中创建表，需要先建立到数据库的连接，如上述步骤 1 中的 con。在同一个文件中，增加下面两句代码：

```
query='create table student(No text PRIMARY KEY,studentName text, birthday date, score real)'
con.execute(query)
```

上述语句创建了 student 表，其中 No 是主键。

3. 数据更新。建立新的源程序文件，在其中输入下面语句：

```
import sqlite3 as sq3
path='d:/database/'
filename=path+'mydb'
con=sq3.Connection(filename+'.db')
data=('1201001','小朱','1999-6-1',79)
con.execute('insert into student values(?,?,?,?)',data)
con.commit()
```

运行后，程序向数据库 mydb.db 中的 student 表中插入数据。

4. 修改步骤 3 的代码为：

```
import sqlite3 as sq3
path='./data/'
filename=path+'SC'
con=sq3.Connection(filename+'.db')
data=[['1201002','小王','1999-05-12',81],['1202003','小蔡','1998-12-1',98]]
con.executemany('insert into worker values(?,?,?,?)',data)
con.commit()
```

5. 查询：新建源程序文件，输入下面程序段：

```
import sqlite3 as sq3
path='d:/database/'
filename=path+'mydb'
con=sq3.Connection(filename+'.db')
query='select * from student'
results=con.execute(query).fetchall()
for item in results:
    print(item)
```

运行结果为：

```
('1201001', '小朱', '1999-6-1', 79.0)
('1201002', '小王', '1999-05-12', 81.0)
('1202003', '小蔡', '1998-12-1', 98.0)
```

实验十　机器学习与统计模式识别

一、实验目的

1. 了解机器学习的几种常见算法及其原理。
2. 掌握机器学习中特征数据及目标数据的组织。
3. 掌握实用 sklearn 包中的机器学习算法的运用。
4. 掌握机器学习中的数据分割为训练集、测试集的方法、交叉验证的概念及方法。

二、实验内容

1. 加载 sklearn 包中的 iris 数据库，获取其中的鸢尾花数据，查看特征集及目标集的数据结构；

2. 采用交叉验证方法建模，查看每份交叉验证的结果，判断建模的可靠性；

3. 将数据分割为训练集、测试集，用训练集建模，预测测试集。

三、实验步骤

1. 运行 spyder，建立程序文件，在其中输入如下代码：

```
from sklearn import datasets
from sklearn import svm
iris=datasets.load_iris()  # 从数据库获得数据
X=iris.data #获得特征数据，运行程序后，在 spider 右下角的 console 窗口中输入 X 验证其数据结构
y=iris.target  # 获得样本的目标分类数据
from sklearn import cross_validation
svc = svm.SVC()  # 生成 svm 的分类模型
scores = cross_validation.cross_val_score(svc, X, y, cv=10)  # 采用 10 份交叉验证
print(scores)
```

计算结果为：

```
[ 1.  0.93333333  1.  1.  1.  0.93333333  0.93333333  1.  1.  1. ]
```

由于鸢尾花数据库共有 150 个样本，分 10 份，每次的验证集为 15 个样本，15 个样本预

测全正确，得分为 1。上面交叉验证的结果意义为：10 次交叉验证中，其中 3 次有大约一个样本预测错误。

2. 利用 sklearn 包的数据分割函数 train_test_split 进行建模验证。修改上述程序段，修改结果为：

```
from sklearn import datasets
from sklearn import svm
iris=datasets.load_iris()
X=iris.data
y=iris.target
from sklearn.model_selection import train_test_split
data_train, data_test, target_train, target_test = train_test_split(X, y)  # 随机分割样本
svc = svm.SVC()  # 生成 svm 的分类模型
model=svc.fit(data_train, target_train)  # 利用训练数据建立模型
pred = model.predict(data_test)  # 预报测试集
error=pred-target_test
print(error)
print(target_test)
```

运行结果为：

```
[0 0 0 0 0 0 0 0 0 0 0 0 0 0 0 0 0 0 0 0 0 0 -1 0 0 0 0 0 0 0 0 0 0 0 0 0 0 0]
[1 2 2 2 1 0 0 0 0 2 0 2 2 0 2 2 0 0 1 2 2 1 2 1 0 0 2 2 1 1 2 1 1 0 2 1 1 0]
```